图 1-1-8　航拍无人机

图 1-1-18　飞行控制系统

a）

b）

图 1-2-7　DJI GO 4 APP 界面

图 3-1-7　镜头的叙事

图 3-2-1 《新式田园生活——永幕堂》（金华森空文化）

图 4-1-1 《谧雪智者寺》摄影：叶颀（金华）

图 4-1-2 《跨海大桥》摄影：宁波航拍协会

图 4-1-3 《造型航拍》摄影：黄佳（金华）

图 4-1-4　优秀摄影作品鉴赏 1

图 4-1-5　优秀摄影作品鉴赏 2

图 4-1-6 《水上雅丹》摄影：叶颀（金华）

图 4-1-10　调色示意图

图 4-1-11 《芝堰油菜花海》摄影：叶颀（金华）

图 4-2-1　效果图

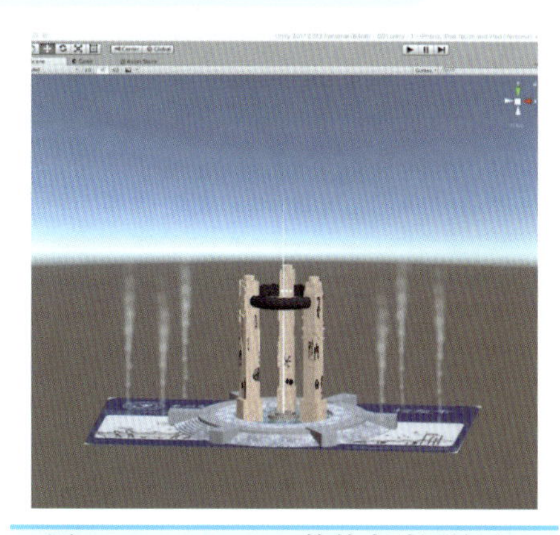

图 4-2-2　Unity 3D 软件中贴图效果 1

图 4-2-7　修补完成后的学校全景图

图 4-2-8　金华市第一职业学校微电影工作室全景图

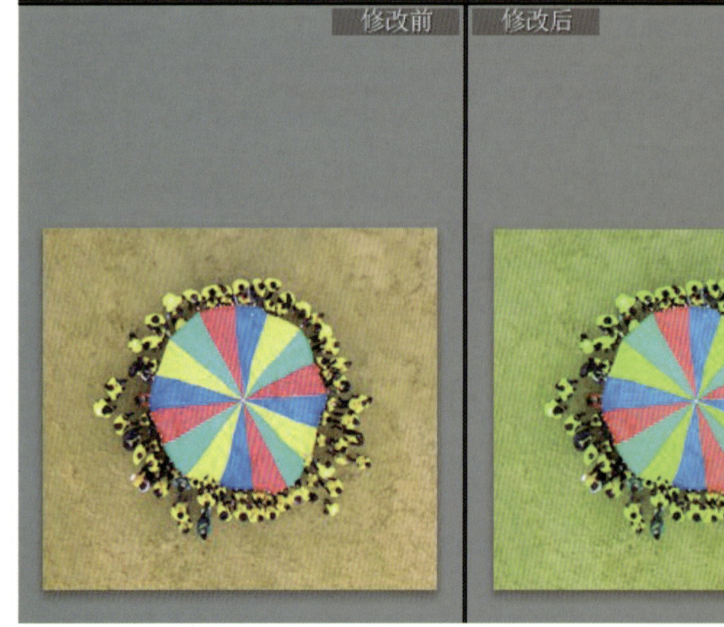

图 6-1-9　任务完成前后对比

职业教育无人机应用技术专业系列教材

无人机航拍技术

主　编　陈　伟　黄　佳　孙春洁

副主编　周　旺　谢　坚　吕旺力

　　　　徐　军　汪　娇

参　编　张海钧　梅进霞　周佳斌　黄晓祥

　　　　罗　杰　章　钲　阴忠明　方丽娟

　　　　孔祥源　程振伟　吴　坚　徐逸嘉

机械工业出版社

本书充分体现“做中学、做中教”的职业教学特色，采用“单元+项目+任务”的形式，共设计了7个单元，14个项目，28个工作任务，每个任务都通过任务分析、任务实施、必备知识和实战强化4个模块展开学习。本书系统地介绍了无人机拍摄与保养的基础知识，语言通俗易懂，并配有大量的图示讲解说明，任务设计遵循了由浅入深的教学规律，关注学生核心素养的提升。

本书可作为各类职业院校无人机应用技术专业及相关专业的教材，也可作为无人机航拍爱好者的参考用书。

本书配有微课视频，可扫描书中二维码观看。本书还配有电子课件等资源，教师可登录机械工业出版社教育服务网（www.cmpedu.com）免费注册、下载或联系编辑（010-88379807）咨询。

图书在版编目（CIP）数据

无人机航拍技术/陈伟，黄佳，孙春洁主编．—北京：机械工业出版社，2020.10（2024.1重印）

职业教育无人机应用技术专业系列教材

ISBN 978-7-111-66484-0

Ⅰ．①无…　Ⅱ．①陈…　②黄…　③孙…　Ⅲ．①无人驾驶飞机—航空摄影—职业教育—教材　Ⅳ．①TB869

中国版本图书馆CIP数据核字（2020）第169579号

机械工业出版社（北京市百万庄大街22号　邮政编码100037）

策划编辑：张星瑶　梁　伟　　责任编辑：梁　伟　张星瑶

责任校对：蔺庆翠　　封面设计：鞠　杨

责任印制：常天培

北京机工印刷厂有限公司印刷

2024年1月第1版第13次印刷

184mm×260mm・10.75印张・2插页・221千字

标准书号：ISBN 978-7-111-66484-0

定价：37.00元

电话服务	网络服务
客服电话：010-88361066	机　工　官　网：www.cmpbook.com
010-88379833	机　工　官　博：weibo.com/cmp1952
010-68326294	金　书　网：www.golden-book.com
封底无防伪标均为盗版	机工教育服务网：www.cmpedu.com

PREFACE 前言

党的二十大报告指出“教育、科技、人才是全面建设社会主义现代化国家的基础性、战略性支撑。”无人机作为国家战略性新兴产业正在不断发展，无人机拍摄技术也越来越多地应用在不同领域中，各行各业对无人机拍摄人才的需求日益增多。

本书系统地介绍了无人机拍摄与保养的基础知识，学生能由浅入深地掌握无人机航拍的相关技能。本书在体系确定、结构设计和内容筛选方面都进行了科学的编排，设计了“古建筑航拍实例”“航拍秀美山川”等任务带领学生欣赏祖国美丽风光，培养爱国情怀。在具体项目、任务中，主要设计了以下几个模块：

- 项目描述：让学生了解项目整体的轮廓，大致知道本项目要做什么。设计了工作中可能遇到的实际工作情境，让学生尽量贴近工作中可能遇到的情况，进入工作角色中开展后续的学习。学会与客户沟通、分析客户需求等。
- 任务分析：对任务目标、技术难点、商业规范以及怎样着手开展工作进行说明。
- 任务实施：结合完成任务的工作过程，在工作过程中及时辅以紧密相关的经验知识、技能进行深入解析。
- 必备知识：对在任务中涉及的知识点进行系统的梳理，注意要与任务实施对应，在操作的过程中，可到此处进行知识点的学习与查阅。
- 实践强化：根据任务知识，让学生进行巩固拓展练习。

具体学习重点包括：第1单元无人机概述，主要介绍无人机的一些基础知识和无人机的入门操作以及操控APP的安装和设置，初步了解无人机的基础知识和基础技能；第2单元无人机飞行常识，对无人机飞行安全、规范及航拍的应用、发展趋势做了简单介绍；第3单元无人机拍摄实例分析，深入学习无人机的拍摄技巧，掌握无人机拍摄的镜头运动方式和表达的重要作用；第4单元无人机拍摄的摄影技巧，学习航拍摄影的构图方式、选择拍摄主题以及虚拟现实技术中的无人机摄影技巧；第5单元无人机拍摄的摄像技巧，学习无人机拍摄影片所需要的组合拍摄技巧，掌握对镜头运动方式进行编排的能力；第6单元无人机拍摄的后期制作，学习如何将拍摄的图片素材、视频素材进行合理制作与编辑；第7单元无人机的维护与保养，学习无人机飞行前如何进行清单检查、如何应对紧急事件，无人机飞行后如何进行保养和维护的方法。

本教材由陈伟、黄佳、孙春洁任主编，周旺、谢坚、吕旺力、徐军、汪娇任副主编，张海钧、梅进霞、周佳斌、黄晓祥、罗杰、章钲、阴忠明、方丽娟、孔祥源、程振伟、吴坚、徐逸嘉任参编，其中第1单元由孙春洁、吕旺力、徐军和徐逸嘉编写，第2单元由张海钧、黄晓祥、吴坚负责编写，第3、4单元由黄佳、方丽娟、阴忠明和程振伟负责编写，第5单元由汪娇、梅进霞、周佳斌负责编写，第6单元由谢坚、章钰和罗杰负责编写，第7单元由周旺、孔祥源负责编写，陈伟负责统稿。

本书参编教师均为“浙江省陈伟名师网络工作室”的学科带头人和骨干学员，该教材是“浙江省名师网络工作室成果”之一，此外，本书还得到了无人机职业教育教学资源建设委员会、浙江省金华市第一中等职业学校微电影工作室、浙江省余姚四职橙果创影工作室、宁波市航拍协会、飞先科技有限公司的全力支持，在此一并表示感谢。

由于编者水平有限，书中难免存在一些疏漏和不足之处，恳请广大师生和无人机航拍相关从业者批评指正。

编　者

二维码索引

CONTENTS

目录

CONTENTS

第1单元

无人机概述

单元概述

本单元将走近无人驾驶飞行器（简称无人机），学习无人机的一些基础知识。本单元分为两个项目，其中项目 1 主要介绍无人机的分类、结构、常见的无人机品牌。项目 2 在项目 1 的基础上，以大疆（DJI）四旋翼无人机为例，介绍无人机简单的入门操作以及相关操控 APP 的安装和设置。通过这两个项目的理论学习和实践操作达到初步了解无人机基础知识和基础技能的目的。

学习目标

本单元要求学生通过两个项目的学习能准确说出无人机的分类、结构，了解无人机的常见品牌，能为后续项目中学习无人机的操作打下基础，激发学生探索无人机的兴趣。

项目1 走近无人机

项目描述

随着科技的发展，人们在面对一些高风险、高强度的环境时，开始尝试使用无人机来执行相关任务以降低风险和提高效率。本项目包含两个任务，任务1主要介绍现代无人机的基本分类，任务2主要介绍无人机系统的组成。

任务1 认识无人机的分类

任务分析

本任务将通过追溯无人机的发展历史、区分无人机的基本类型、了解当前知名的无人机生产厂家来学习无人机的基础知识。

任务实施

步骤1 了解无人机的发展历史和应用

第一架无人机的诞生要追溯到1917年，彼得·库伯和艾尔姆·A·斯皮里发明了第一台自动陀螺稳定仪，该装置可以帮助飞机在飞行时保持平直向前，无人机由此诞生。随着信息化技术、通信技术、复合材料技术、空气动力技术、新型能源与高效动力技术的迅猛发展，无人机的性能不断提升。目前无人机已经广泛应用于军事、航拍、农业、植保、快递运输、灾难救援、野生动物观察、传染病监控、测绘、新闻报道、电力巡检、救灾、影视拍摄等领域。

在2017年火爆上映的电影《战狼2》中，无人机在电影拍摄中的应用给观众留下了深刻的印象——高空航拍、电子侦查、人脸识别等镜头的精彩呈现让观众直观感受到了无人机的强大功能。

步骤2 了解无人机的概念和分类方式

无人机（Unmanned Aerial Vehicle，UAV）是无人驾驶飞行器的简称，指不载有操作人员情况下，利用无线电遥控设备和自备的程序控制装置，自主飞行或遥控驾驶的飞行器。

随着无人机相关技术的飞速发展，目前无人机种类繁多、应用广泛、特点鲜明，各种无人机在尺寸、质量、航程、航时、飞行高度、飞行速度、任务等多方面都有较大差异。

由于无人机的多样性，需要将无人机进行分类，通常是根据无人机的平台构型和使用领域进行分类。

步骤3　了解按平台构型分类的无人机类型

以飞行平台构型为标准，无人机可分为固定翼无人机、无人直升机、多旋翼无人机、无人飞艇、伞翼无人机、扑翼无人机等。下面主要介绍最常见的固定翼无人机、无人直升机和多旋翼无人机。

1．固定翼无人机

固定翼无人机是军用和多数民用无人机的主流平台，如图 1-1-1 所示。固定翼无人机的飞行原理与普通飞机相似，由动力装置产生前进的推力或拉力，由机身的固定机翼产生升力。在升空后动力系统工作正常的情况下，固定翼无人机可以自主抵抗气流的干扰而保持稳定。固定翼无人机具有续航时间长、飞行效率高、载荷大、飞行稳定性高的特点，但起飞的时候必须要助跑或者借助器械弹射，降落的时候必须滑行或是利用降落伞降落。

图 1-1-1　固定翼无人机

2．无人直升机

无人直升机是可垂直起降（VTOL）的不载人飞行器，在构造形式上属于旋翼飞行器，在功能上属于垂直起降飞行器，如图 1-1-2 所示。无人直升机可以垂直起降和悬停，但是续航时间与载荷也比较一般，操控难度较大。

图 1-1-2　无人直升机

3．多旋翼无人机

多旋翼无人机是一种具有 3 个及以上旋翼轴的特殊的无人直升机。通过每个轴上的电动机转动带动旋翼，从而产生推力，通过改变不同旋翼之间的相对转速来改变单轴推进力的大小，从而控制飞行器的运行轨迹，如图 1-1-3 所示。常见的有四旋翼、六旋翼、八旋翼无人机等。多旋翼无人机具有操控性强、可垂直起降和悬停的特点，适用于低空、低速、有垂直起降和悬停要求的任务环境，其缺点是续航时间较短、载荷较小。

图 1-1-3　四旋翼无人机

步骤4　了解按使用领域分类的无人机类型

按不同使用领域划分，无人机可分为军用、民用和消费级 3 类，这 3 类对无人机的性能要求各有偏重。

1．军用无人机

军用无人机对于灵敏度、飞行高度、飞行速度、智能化等有着更高的要求，是技术水平最高的无人机，包括侦察、诱饵、电子对抗、通信中继、靶机和无人战斗机等机型，如图 1-1-4 和图 1-1-5 所示。

图 1-1-4 “翼龙”察打一体无人机

图 1-1-5 “全球鹰”无人侦察机

2．民用无人机

民用无人机一般对于速度、升限和航程等要求都较低，但对于人员操作培训、综合成本还是有较高的要求，因此需要形成成熟的产业链以提供尽可能低廉的零部件和支持服务。目前来看民用无人机最大的市场在于政府公共服务的提供，如警用、消防、

气象等，约占总需求的 70%。而未来无人机潜力最大的市场可能就在民用，新增市场需求可能出现在农业植保、货物速度、空中无线网络、数据获取等领域，如图 1-1-6 和图 1-1-7 所示。

图 1-1-6　农业植保无人机

图 1-1-7　快递运输无人机

3．消费级无人机

消费级无人机特指无人机产品中面向个人消费者，主要用于娱乐与航拍功能的飞行器。消费级无人机一般采用成本较低的多旋翼平台，可实现自主飞行或半自主飞行，即能够按控制算法完成自动起降、定点悬停、绕点飞行、路线规划等功能，多用于航拍、游戏等休闲领域。如图 1-1-8 和图 1-1-9 所示。

图 1-1-8　航拍无人机

图 1-1-9　竞赛无人机

步骤5　了解无人机生产厂家

随着无人机应用领域的逐渐扩大，无人机市场需求逐渐提升，《2018～2023 年混合动力无人机市场行情监测及投资可行性研究报告》中对无人机行业发展前景进行了分析，预计 2020 年我国民用无人机市场将达 52.28 亿元，军用无人机将达 191.11 亿元，我国无人机市场总规模将超 200 亿元。在无人机高速增长的背后，一批优秀的无人机厂商在推动着无人机技术的不断革新。

1．深圳市大疆创新科技有限公司

深圳市大疆创新科技有限公司（DJI，以下简称大疆）是全球领先的无人飞行器控制系统及无人机解决方案的研发和生产商，客户遍布全球 100 多个国家。大疆目前主要致力于为无人机工业、行业用户以及专业航拍应用，提供性能最强、体验最佳的革命性智能飞控产品和解决方案。大疆从最早的商用飞行控制系统起步，逐步研发出了 ACE 系列直升机飞控系统、多旋翼飞控系统、筋斗云系列专业级飞行平台 S1000、S900、多旋翼一体机 Phantom、Ronin 三轴手持云台系统等产品。其无人机产品如图 1-1-10 和图 1-1-11 所示。

图 1-1-10 精灵 4 机型

图 1-1-11 悟 2 机型

2. Parrot派诺特

Parrot 派诺特是法国高科技消费电子品牌，全球无人机行业先驱，大型无人机及无线产品制造商。Parrot 派诺特从 2010 年开始致力于无人机行业，是最早推出基于智能手机和平板计算机应用的无人机公司。它在 2010 年率先推出了真正意义上的消费级无人机 AR.DRONE，产品一上市便赢得了无数关注，从此打开了消费级无人机的大门。其无人机产品如图 1-1-12 和图 1-1-13 所示。

图 1-1-12 ANAFI 机型

图 1-1-13 MAMBO FLY 机型

3. 3D Robotics

3D Robotics 是北美最大的面向个人用户的无人机厂商，是大疆在北美市场最大的竞争对手。3D Robotics 最初主要制造和销售 DIY 类遥控飞行器（UAV）的相关零部件。其无人机产品如图 1-1-14 和图 1-1-15 所示。

图 1-1-14　solo 机型

图 1-1-15　IRIS 机型

4．AscTec

无人机制造商 Ascending Technologies（AscTec）是德国 Ascending 公司旗下的无人机品牌。Ascending 在 2002 年开始研发无人机，他们的 X-UFO 是最早的玩具四轴飞行器之一。其无人机产品如图 1-1-16 所示。

图 1-1-16　AscTec Firefly 无人机

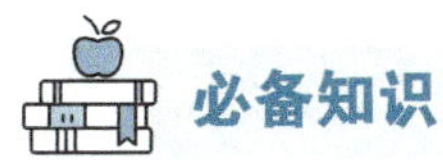

必备知识

国内外无人机相关技术飞速发展，无人机系统种类繁多、用途广、特点鲜明，致使其在尺寸、质量、航程、航时、飞行高度、飞行速度、任务等多方面都有较大差异。由于无人机的多样性，出于不同的考量会有不同的分类方法。

实战强化

无人机类型多种多样，外形千变万化，为什么会出现这种情况？无人机的选择一般需要考虑哪些情况？

任务2 认识无人机系统

任务分析

本任务主要学习无人机系统。以四旋翼航拍无人机为例，重点学习其结构组成。同时，了解不同飞行任务下选择合适的无人机类型的重要性，为项目二体验无人机打下基础。

任务实施

步骤1 了解无人机系统

无人机系统（Unmanned Aircraft System，UAS），也称无人驾驶航空器系统（Remotely Piloted Aircraft System，RPAS），是指由一架无人机、相关的遥控站、所需的指令与控制数据链路以及批准的型号设计规定的任何其他部件组成的系统。无人机系统主要包括飞机机体、飞控系统、数据链系统、发射回收系统、电源系统等。飞控系统又称为飞行管理与控制系统，相当于无人机系统的“心脏”部分，对无人机的稳定性、数据传输的可靠性、精确度、实时性等都有重要影响，对其飞行性能起决定性的作用；数据链系统可以保证对遥控指令的准确传输，以及无人机接收、发送信息的实时性和可靠性，以保证信息反馈的及时有效和顺利、准确地完成任务；发射回收系统保证无人机顺利升空以达到安全的飞行高度和飞行速度，并在执行完任务后从天空安全地回落到地面。

步骤2 四旋翼航拍无人机的结构

以四旋翼航拍无人机为例，其系统组成可分为飞行器机架、飞行控制系统、动力系统、通信系统、电气系统和辅助设备系统等部分，如图1-1-17所示。

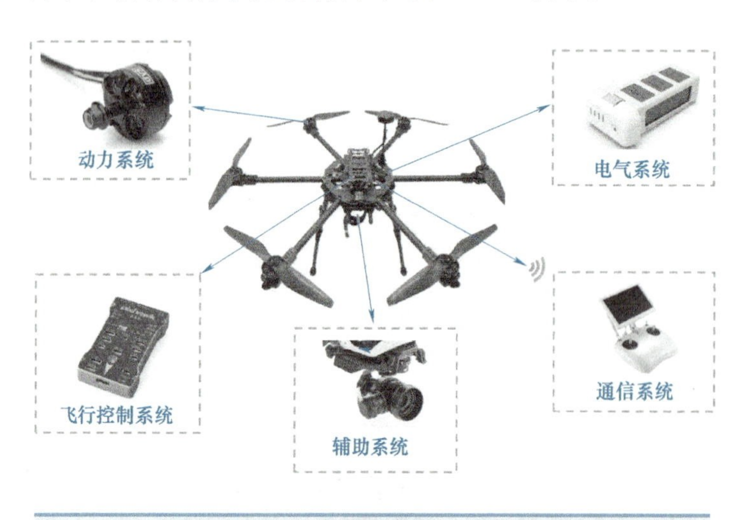

图1-1-17 四旋翼航拍无人机系统组成

1. 飞行器机架

飞行器机架（Flying Platform）的大小，取决于桨翼的尺寸及电动机的体积。桨翼越长，电动机越大，机架大小便会随之增加。机架一般采用轻物料制造，以减轻无人机的负载量。

2. 飞行控制系统

飞行控制系统（Flight Control System）简称飞控，一般会内置控制器、陀螺仪、加速度计和气压计等传感器，如图 1-1-18 所示。无人机便是依靠这些传感器来稳定机体，再配合 GPS 及气压计数据，便可把无人机锁定在指定的位置及高度。

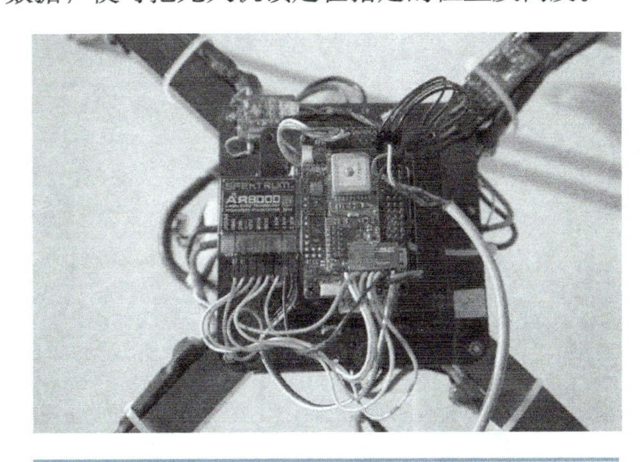

图 1-1-18　飞行控制系统

3. 动力系统

无人机的动力系统主要由桨翼和电动机组成，如图 1-1-19 所示。当桨翼旋转时，便可以产生反作用力来带动机体飞行。系统内设有电调控制器（Electronic Speed Control），用于调节电动机的转速。

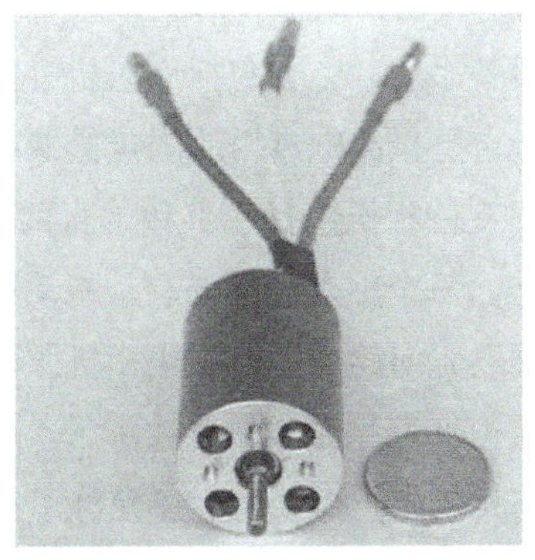

图 1-1-19　动力系统

4. 通信系统

通信系统提供遥控器与飞机之间的数据链路（上行和下行），主要功能用于无人机系统数据传输、载荷通信的无线电链路。无人机常用的通信频率有 1.4GHz、2.4GHz、5.8GHz 等，其中 1.4GHz 主要作为数据通信频段，2.4GHz 主要作为图像传输频段，5.8GHz 的频率信号进行数据传输更稳定、干扰更小。工信部已经制定了无线电相关的使用准则，规范无人机行业的无线电频段使用。

5. 电气系统

无人机电气系统可分为机载电气系统和地面供电系统两部分。机载电气系统主要由主电源、应急电源、电气设备的控制与保护装置及辅助设备组成。供电系统的功能是向无人机各用电系统或设备提供满足预定设计要求的电能。无人机电气系统的各种电源部分如图 1-1-20 所示。

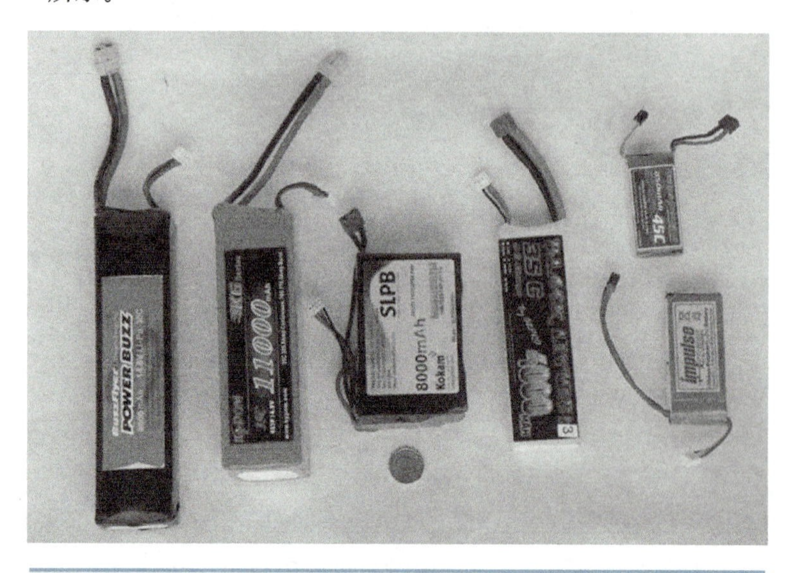

图 1-1-20 电气系统（电源）

6. 辅助设备系统

辅助设备系统，主要包括无人机外挂平台（简称云台）、外挂轻型相机、无线图像传输系统。云台是摄像中常用的固定摄像机的支撑设备，分为固定云台和电动云台两种。电动云台除了支持相机进行水平和垂直两个方向的转动，还能满足 3 个活动自由度：绕 x、y、z 轴旋转，每个轴心内都安装了电动机，当无人机倾斜时，会配合陀螺仪给相应的云台电动机加强反方向的动力，防止相机跟着无人机“倾斜”，从而避免相机抖动。因此云台对于稳定航拍来说起着非常大的作用。目前无人机所用的航拍相机，除无人机厂商预设于飞行器上的相机外，部分机型还允许用户自行装配第三方相机，如 GoPro Hero 4 运动相机或 Canon EOS 5D 系列单反相机。

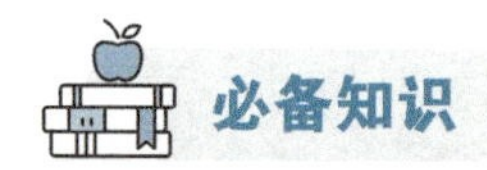

必备知识

无人机类型多种多样，外形千变万化，为什么会出现这种情况？答案很简单，因为不同的无人机要尽可能满足不同的需求，同时要尽量延长续航时间，增加实用载荷。无人机的选择一般需要考虑哪些内容？

1．考虑起飞地点和飞行环境的要求

如果起飞地点存在障碍物，那么无人机需要垂直起降，因此，应该使用多旋翼无人机以满足起飞条件。若起飞点区域开阔，没有直接影响起飞条件的障碍物，则可采用固定翼无人机。

飞行距离、海拔高度、速度、天气状况等条件都要求无人机有符合空气动力学的特殊外形。固定翼无人机的续航时间相比多旋翼无人机的续航时间更久，而且速度更快。但这种飞机能携带的实用载荷有限，根据空气动力学的要求，实用载荷的体积不能太大。多旋翼无人机主要用于需要空中悬停的飞行任务，其携带实用载荷的重量相比固定翼无人机载荷的重量更多。

2．考虑携带实用载荷的重量

无人机携带实用载荷的重量是无人机性能评定的主要参数之一。携带实用载荷的重量会直接影响到无人机的续航时间和飞行稳定性，实用载荷一般不能超过总重量的20%。例如，用小型相机拍照，2kg左右的四旋翼无人机就能够胜任；如果用高清的大型反射镜头拍照，如佳能5D，则需要使用8kg左右的多旋翼无人机。

无人机还应确保实用载荷的视野正对任务要求的方向（垂直、水平、侧面）。比如，一台机载相机可以放在机头里或者机身下。在飞翼厚度大的无人机上，可以把相机安置在较厚的飞翼里。无人机制造商采取各种设计方案，保证无人机在降落时不会被地面遮挡镜头。大疆创新科技有限公司在S1000型无人机上安装了能够伸缩的相机，自由飞翔公司则用三轴吊舱加固相机。

3．考虑是否易于维修保养

常规航空飞机能够连续飞行数小时，而无人机起飞条件相对多样化，环境情况复杂，无人机机体和部件受阵风、灰尘和泥沙影响较大，在每次飞行任务开始前和结束后都需要对无人机的机体、传感器、电池等敏感部件进行保养与维护。

4．考虑对周围环境的危害

无人机飞行时存在坠机的危险，可能带来严重的人员伤害与财产损失。无人机机体越轻巧或制造材料减震能力越强，坠机对环境造成的影响就越小。越来越多的多旋翼无人机的螺旋桨采用流线型，目的就是降低螺旋桨毁坏的危险。如Aibotix X6无人机出于安全考虑，采用流线式螺旋桨，如图1-1-21所示。

图 1-1-21　Aibotix X6

实战强化

四旋翼无人机是航拍中最常见的机型之一，请画出四旋翼航拍无人机的结构组成图。

项目评价表

本项目的学习已经全部完成，大家给自己的学习打个分吧，同时登记小组评分和教师评分，最后按自我评分 30%，小组评分 30%，教师评分 40% 的比例计算合计得分。

小组评分和教师评分时不光要考虑任务完成情况，还要综合考虑小组的合作、沟通能力、工作态度等职业素养。

任务名称	评分内容	分值	自评分	小组评分	教师评分	学习体会
无人机的分类	平台构型分类	25				
	使用领域分类	15				
	无人机厂家介绍	10				
无人机系统	无人机的构成	25				
	无人机的选型	25				
合计得分：						

项目 2　体验无人机

项目描述

此项目以大疆精灵 4PRO 为例，包括两个任务。任务 1 学习配置无人机，包括开箱检查无人机硬件是否完整、无人机装搭、通电检测、手机遥控软件下载、连接、操作界面熟悉和配置。从而学会如何做好无人机起飞前的软硬件检查配置工作。任务 2 学习如何使用无人机遥控器控制无人机的操作，包括起飞、降落、上升、下降、旋转和前后左右移动等，分为在模拟器上模拟学习和在开阔场地上实战两部分，从而由浅入深地学会操控无人机。

任务 1　配置无人机

扫码看视频

任务分析

本任务包括开箱查看所有无人机的配件、电池电量检查、无人机装搭、安装 DJI GO 4 APP 以及通电开机检测。通过本任务可了解无人机的配件和起飞前必备的知识。

任务实施

步骤1　开箱检查配件

开箱后，认真阅读“说明书”，检查部件是否完整。

大疆精灵 4PRO 如图 1-2-1 所示，拥有前后以及下方的视觉避障和机身左右两侧的红外线避障，更加适合新手操作。

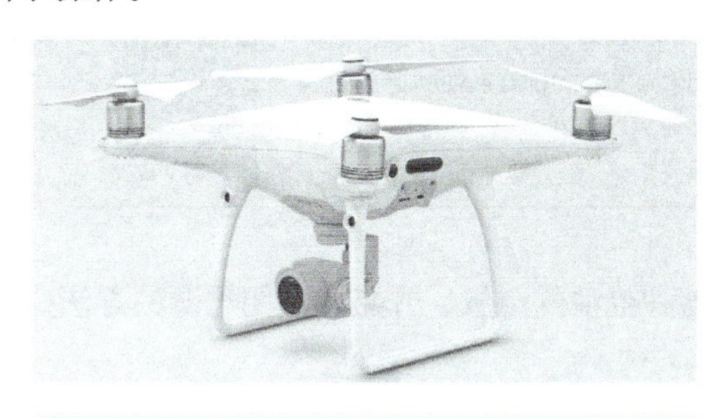

图 1-2-1　大疆精灵 4PRO

泡沫箱里包含的材料见表 1-2-1，对应如图 1-2-2 所示。

表 1-2-1　材料清单

序号	部件名称		数量	用途
1	精灵 4PRO 飞行器		1 台	
2	遥控器		1 台	
3	电池		1 个	
4	桨叶		4 个	
5	充电器设备			
	线缆	Micro USB 线	1 根	遥控器充电
		USB OTG 线	1 根	飞行器固件升级
		16GB SD 卡	1 张	保存视频和照片
6	产品说明书		若干本	

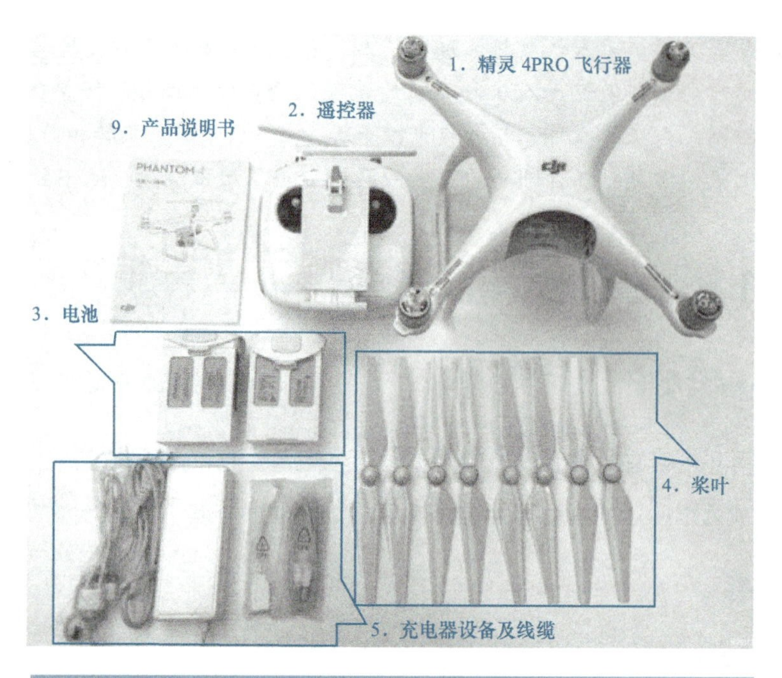

图 1-2-2 无人机全家福

步骤2 下载并安装手机APP

下载 DJI GO 4 APP。第一次使用需要注册大疆账号并激活飞行器。

扫一扫右边的二维码，可到官网下载 DJI GO 4 APP（文件较大，请在 Wi-Fi 环境下下载）	

步骤3 检查电量

起飞前要检查遥控器和电池的电量。开启和关闭电源的方法如图 1-2-3 所示。

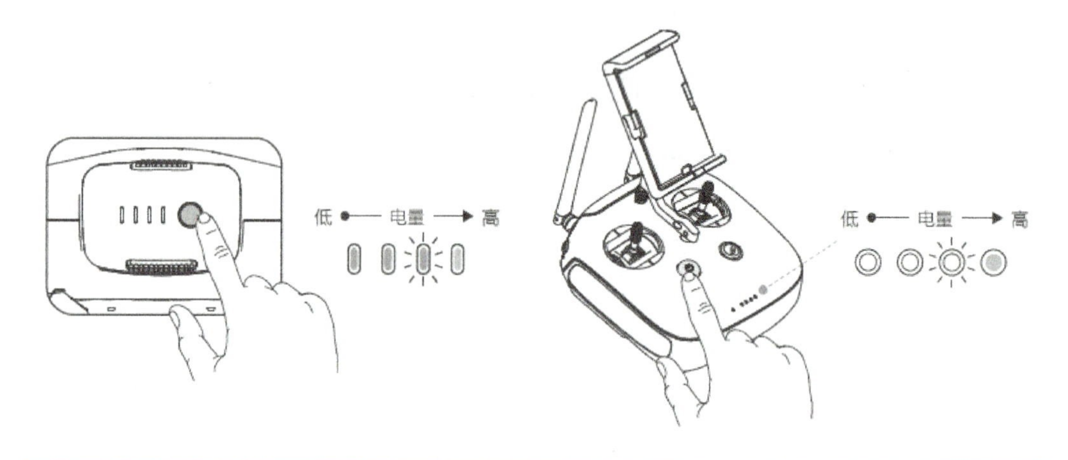

图 1-2-3 开启 / 关闭电源

短按一次按钮检查电量。短按一次，再长按 2s 可开启、关闭飞行电池或遥控器。检查完毕后将飞行电池装入飞行器。

电池或遥控器充电时，状态指示灯会闪烁，如果状态指示灯熄灭则表示充电结束。充满飞行电池大约需要1小时20分钟，充满遥控器电池大约需要3小时40分钟。

步骤4　安装螺旋桨

安装方法如图1-2-4所示，安装完成后需要再次检查，确保螺旋桨安装正确、紧固。

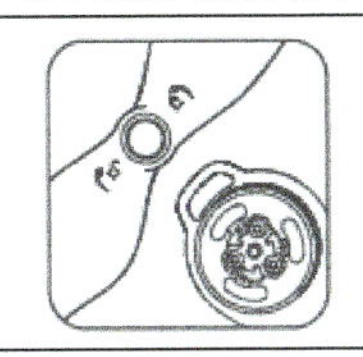	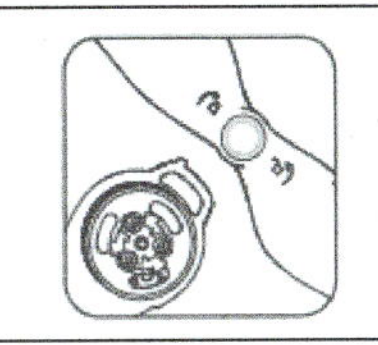	
桨帽黑圈的螺旋桨安装到有黑点的电机桨座上	桨帽银圈的螺旋桨安装到没有黑点的电机桨座上	将桨帽嵌入电机桨座并按压到底，沿螺旋桨上标示的方向旋转螺旋桨至无法继续旋转，松手后螺旋桨会被弹起锁定

图1-2-4　安装螺旋桨

步骤5　认识遥控器

遥控器上有很多功能按钮，如图1-2-5所示，对应说明见表1-2-2。

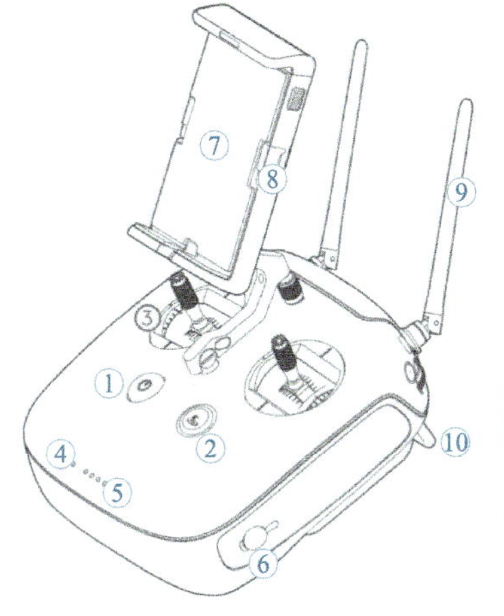

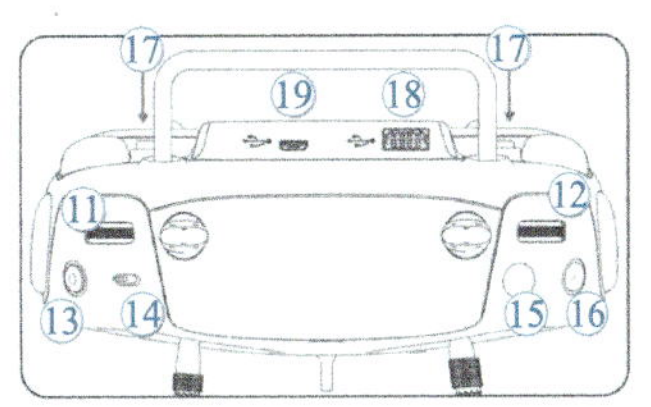

图1-2-5　遥控器功能组件

表1-2-2　遥控器组件说明

序号	功能	序号	功能
1	电源开关	11	云台俯仰拨轮
2	一键返航	12	相机设置转盘
3	摇杆	13	录影按键
4	遥控器状态指示灯	14	飞行模式切换
5	电池电量指示灯	15	拍照按键
6	充电接口	16	回放按键
7	支架	17	自定义按键
8	卡扣	18	USB 接口
9	天线	19	Micro USB 接口
10	提手		

将遥控器支架展开，把手机放入支架后调整支架夹紧手机，使用数据线连接手机与遥控器的 USB 接口，如图 1-2-6 所示。

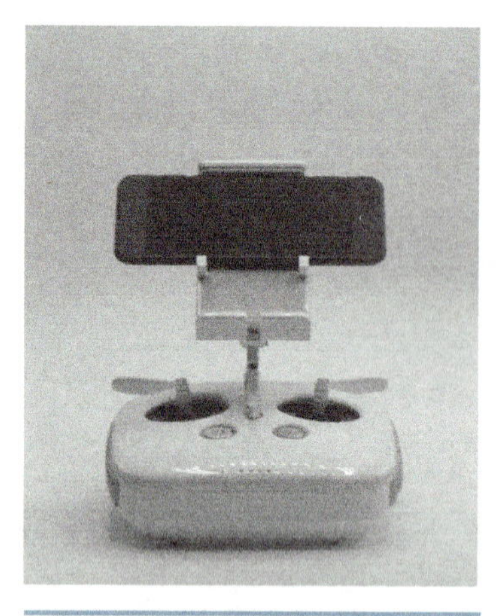

图 1-2-6 手机连接遥控器

步骤6 准备起飞

提前到大疆官网 https://www.dji.com/cn/flysafe/geo-map 查询自己所在的地区是否为禁飞区。当无人机的 GPS 定位到目前处于禁飞区时，无人机将无法启动。

起飞前需要移除云台锁扣，开启遥控器和飞行电池电源，启动 DJI GO 4 APP。APP 可能会提示需要升级遥控器及飞控系统固件等。首次进入时的操作及安全提示也必须仔细阅读清楚。确认飞行器已经连接后，单击“开始飞行”按钮进入控制界面，如图 1-2-7 所示。

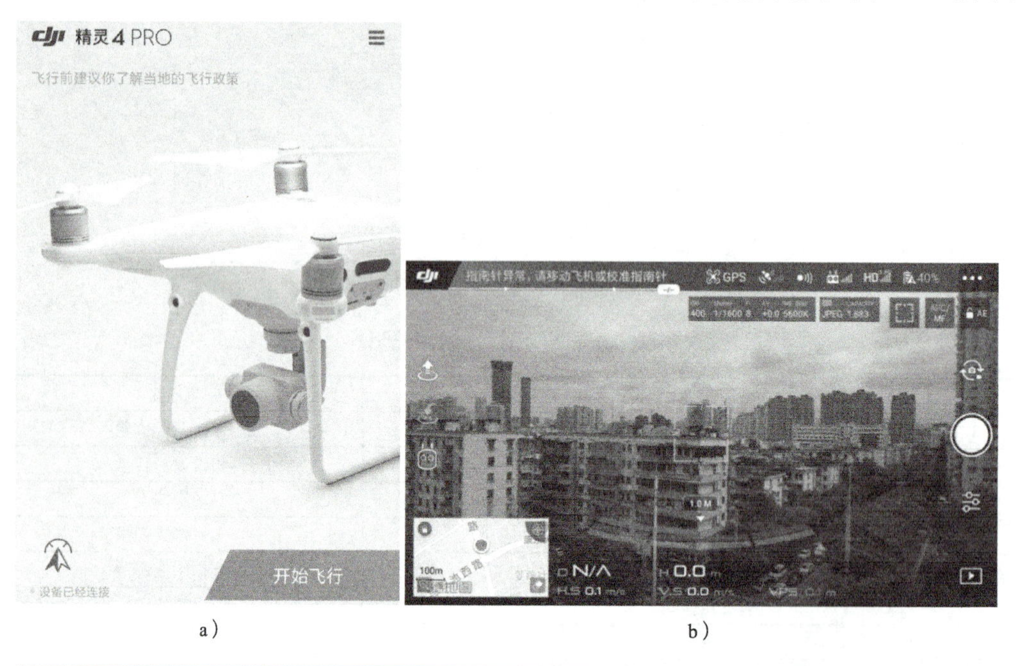

图 1-2-7 DJI GO 4 APP 界面

电源接通后 DJI GO 4 APP 还会自检，包括检查与飞行器的连接情况、GPS 信号、指南针和图传等，如果某一项数据不正常可能影响到飞行安全，它都会提示进行检查或校准。直至各项数据都正常后才会提示可以起飞，以确保起飞安全。

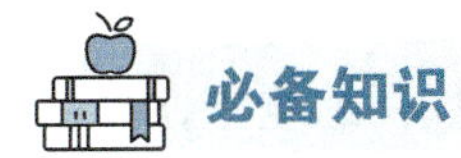

必备知识

1. 起飞前检查

检查内容见表 1-2-3。

表 1-2-3 检查内容

<table>
<tr><td colspan="2">环境安全检查：
无建筑物，无人；附近无机场或者敏感区域</td></tr>
<tr><td>机身检查：
□ 机身无裂纹
□ 螺钉或紧固件无松动或损坏
□ 解开云台锁扣
□ 无电线损坏
□ 螺旋桨无松动或损坏
□ 罗盘校准好
□ SD 卡准备好
□ 电池安装到位</td><td>操控检查和校准：
□ 电池电量充足
□ 遥控开关和控制键位置正确
□ 遥控器电量充足
□ 无人机、相机、组件都有电
□ 必要时配备校准罗盘
□ 等待全球定位系统锁定
□ 检查 LED 显示屏或者报警指示器的一体化应用程序</td></tr>
</table>

2. 无人机实名登记

中国民航局发布《民用无人驾驶航空器实名制登记管理规定》其中有：超过 250 克的无人机必须在指定网站完成实名登记。在正式起飞前请按规定到中国民航局官网（https://uas.caac.gov.cn/login）做登记。

登记完成后单击“下载二维码”按钮，系统将自动给出包含登记号和二维码的登记标志图片，并发送到登记的邮箱。在收到系统给出的包含登记号和二维码的登记标志图片后，请将其打印为至少是 2cm×2cm 的不干胶粘贴牌，采用耐久性方法粘于无人机不易损伤的地方，且保证始终清晰可辨，便于查看。

实战强化

1）开箱对照表 1-2-4 检查配件是否完整。

表 1-2-4 配件表

序号	配件名称	数量	序号	配件名称	数量
1	精灵 4PRO 飞行器	1 台	6	Micro USB 线	1 根
2	遥控器	1 台	7	USB OTG 线	1 根
3	电池	1 个	8	16G SD 卡	1 张
4	桨叶	4 个	9	产品说明书	若干本
5	充电器设备及线缆				

2）取出飞行电池和遥控器，检查电量。如果电量不足，请及时充电。

3）正确安装飞行器的 4 个螺旋桨。

4）掌握正确的遥控器握姿，熟悉遥控器各按钮的功能。

正确的握姿是大拇指的指肚按在操控杆的上方，然后用食指按在操控杆的侧方，可以起到一个辅助的作用，不太容易让动作幅度过大。对无人机的飞行来说也是一个安全的保障，如图 1-2-8 所示。

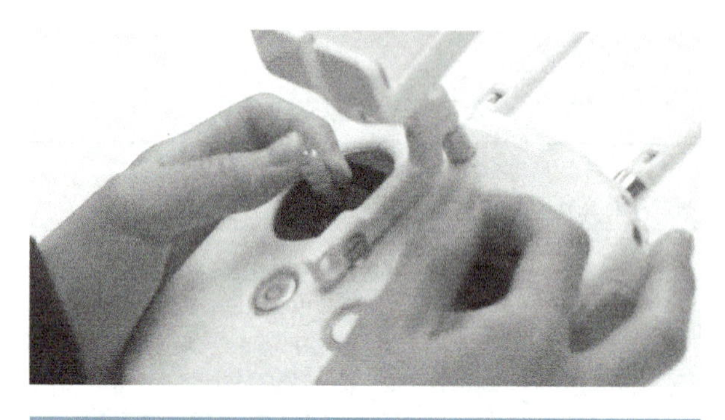

图 1-2-8 遥控器的正确握姿

5）从终端上下载、安装 DJI GO 4 APP，注册大疆账号并激活飞行器。

任务 2 操控无人机

任务分析

本任务主要是熟悉无人机起飞前的一些注意事项，包括寻找一个合适的飞行地点，手动操控无人机的起飞、降落以及基本飞行方式等。通过练习，培养学员操作无人机时动作的协调性，熟练各项操作，做到收放自如，能克服面对无人机时的紧张感。

任务实施

步骤1 使用模拟器

如果是第一次使用无人机，那么在使用之前，应该先花时间使用大疆 DIJ GO 4 APP 中的“飞行模拟”进行一番练习。该模拟器能在一个虚拟的世界里使用真实的遥控器飞行无人机，并能切实有效地帮助使用者适应如何操作这款飞行器。对新手很有帮助，降低了人为误操作的炸机风险。

单击 APP 主界面左上角的图标可进入“学院”，进入“飞行模拟”，体验飞行器操作，如图 1-2-9 所示。

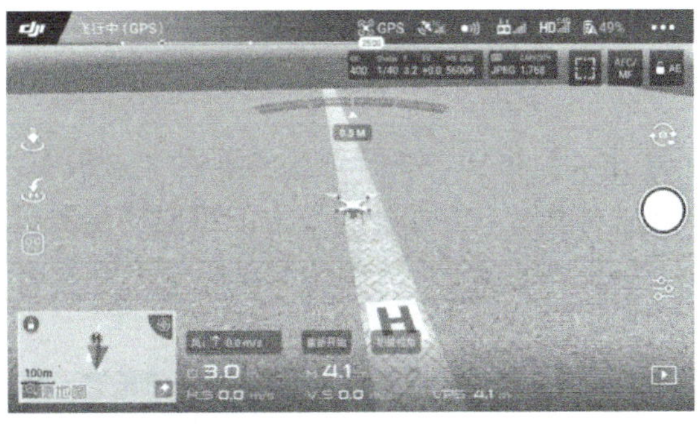

图 1-2-9　飞行模拟器界面

步骤2　熟悉遥控器

为了能顺利起飞，要详细了解遥控器的使用。大疆精灵 4PRO 遥控器出厂默认操控方式为“美国手”。具体来说，就是遥控器的左摇杆负责飞行器的上升下降、原地顺时针或逆时针旋转；遥控器的右摇杆负责飞行器在水平位置上的前后左右移动，如图 1-2-10 所示。

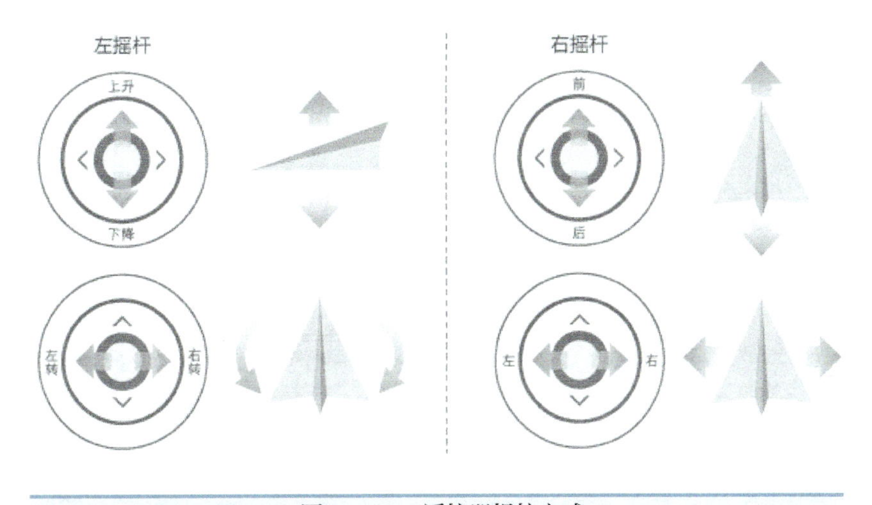

图 1-2-10　遥控器操控方式

步骤3　激活新手模式

激活飞行器时，选择“新手模式”。在“新手模式”下，飞行器只能在起飞点 30m 附近飞行，可以先拿来练手。熟悉后可以在设置（右上角三点处）中关闭“新手模式”，如图 1-2-11 所示。

步骤4　起飞无人机

起飞前一定要等待 DJI GO 4 APP 界面中的飞行状态指示栏显示为“起飞准备完毕（GPS）”，这样飞行器会自动记录当前位置为返航点，当飞行器发生意外情况时可以单击“自动返航”按钮使飞行器自动返回到返航点。

选择开阔、周围无高大建筑物的场所作为飞行场地。飞行时，保持飞行器在视线控制内，远离障碍物、人群、水面等。

将飞行器放置在开阔地，操作员离开飞行器到安全区域。单击 DJI GO 4 APP 中的“自动起飞” 按钮，飞行器自动起飞上升到 1.2m 处悬停。也可以手动起飞，将左右遥杆一起摇向内侧下方或外侧下方即可启动旋翼电动机，再向上推动油门杆使飞行器上升，如图 1-2-12 所示。

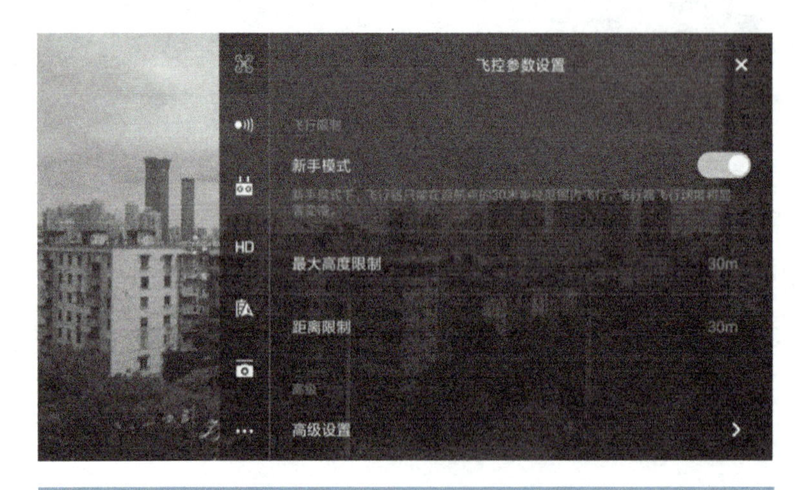

图 1-2-11 开启 / 关闭新手模式

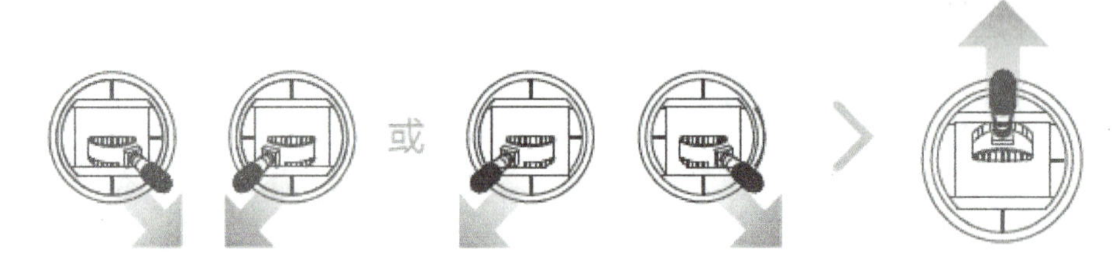

图 1-2-12 飞行器起飞

起飞后，使无人机在较低的高度保持 1min 左右的悬停状态，检查是否发生漂移，如有漂移，需要重新校准。再尝试将无人机向指定方向移动，确保无人机完全在控制之下。

步骤5 操控无人机

推动油门将无人机上升到安全高度，注意无人机要高于区域内的所有障碍物。推动遥控器摇杆的时候要缓慢，确保无人机平缓飞行。遥控器摇杆的操作说明见表 1-2-5。

反复练习以上动作，将空间方位识别内化于心。如需加强技能，可以在沿着线路进行飞进飞出训练时，加上右摇杆的左右推动练习。需要注意的是无人机在面朝使用者时，右摇杆的移动方向与无人机的移动是相反的。

表 1-2-5 遥控器摇杆的操作说明

示意图	说明
	上升：将遥控器左摇杆向上推，可使无人机往上升 下降：将遥控器左摇杆向下推，可使无人机往下降
	左转：将遥控器左摇杆向左推，可使无人机向左旋转 右转：将遥控器左摇杆向右推，可使无人机向右旋转
	向左：将遥控器右摇杆向左推，无人机向左飞行 向右：将遥控器右摇杆向右推，无人机向右飞行
	向前：将遥控器右摇杆向上推，无人机向前飞行 向后：将遥控器右摇杆向下推，无人机向后飞行

步骤6　降落无人机

单击 DJI GO 4 APP 中的“自动起飞”按钮，飞行器自动降落并停止旋翼电动机。也可以手动降落，缓慢向下拉动油门杆，直至飞行器降落，保持油门杆处在最低位置 2s，直至旋翼电动机停止。

必备知识

1．大疆精灵4PRO起飞前的准备步骤

1）起飞前先检查遥控器、智能飞行电池以及移动设备的电量是否充足。

2）螺旋桨是否正确安装。

3）确保已插入 Micro-SD 卡。

4）电源开启后相机和云台是否正常工作。

5）开机后校准指南针，检查电机是否正常启动。

6）DJI GO APP 是否正常运行，检查飞行状态列表。

7）周围环境是否符合飞行条件（建议在空旷的场地，避开高楼、人群）。

2．什么是禁飞区

禁飞区：此区域以红色显示，飞行器将无法在此区域飞行。

限高区：此区域以灰色显示。飞行器在此区域飞行时，飞行高度将限制在 120m。温州龙湾国际机场的禁飞区和限高区如图 1-2-13 所示。

禁飞区和限高区查询网址：https://www.dji.com/cn/flysafe/geo-map。

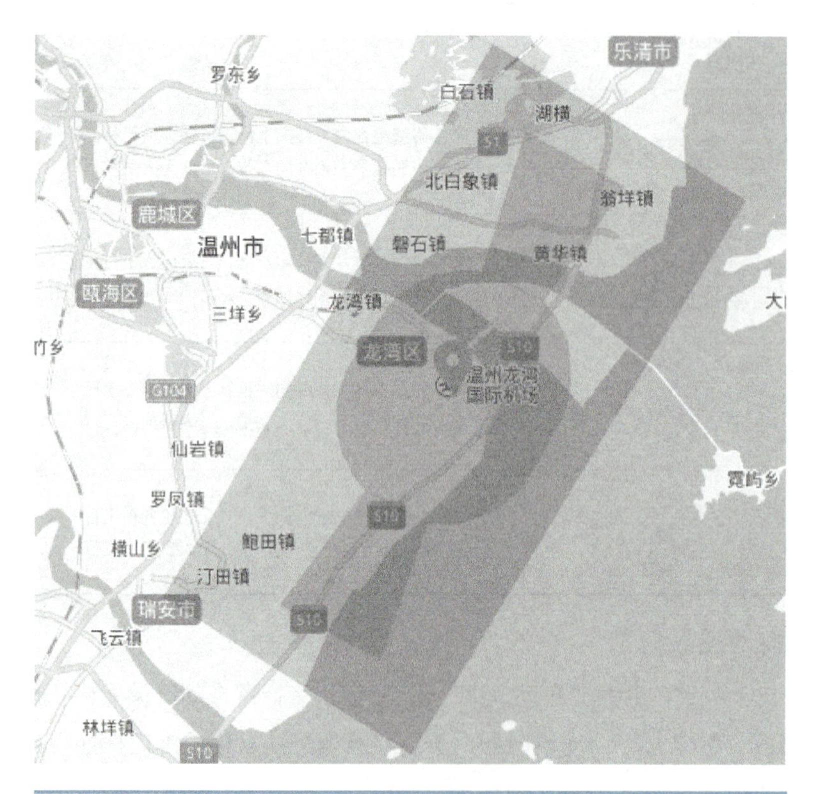

图 1-2-13 温州机场禁飞区示意图

实战强化

1. 直行加原地转向

将无人机上升到安全高度，推动左摇杆将无人机旋转至背朝操控者，完成操作，见表 1-2-6。

表 1-2-6 直行加原地转向操作说明

操作步骤	操作	飞行轨迹
1	向前推动右摇杆	无人机向前飞行
2	松开右摇杆，向右推动左摇杆	无人机停止飞行，无人机完成向右 90° 转弯
3	向前推动右摇杆	无人机向前飞行
4	松开右摇杆，向右推动左摇杆	无人机停止飞行，无人机完成向右 90° 转弯
5	向前推动右摇杆	无人机向前飞行
6	松开右摇杆，向右推动左摇杆	无人机停止飞行，无人机完成向右 90° 转弯
7	向前推动右摇杆	无人机向前飞行

飞行轨迹如图 1-2-14 所示。

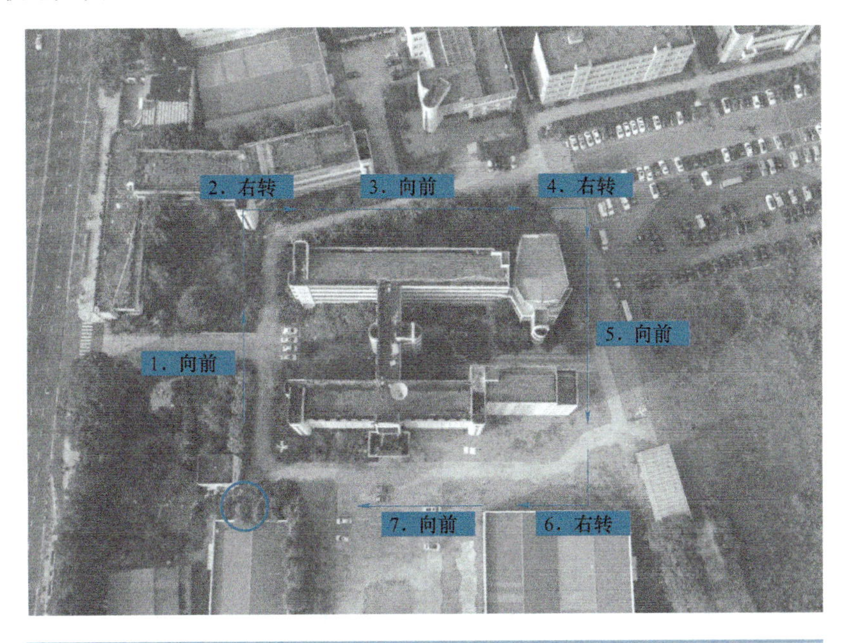

图 1-2-14　直行加原地转向飞行轨迹

2. 无人机飞圆圈

飞圆圈是高级飞行练习的第一步，因为操作员需要不断调整两根摇杆。在这个特殊的圆圈中，无人机会一直面向飞行的方向不断转弯。使无人机慢慢向前飞（右摇杆向前），同时慢慢向右偏航（左摇杆向右），让机头始终向着前进的方向。向前飞行的速度和偏航程度决定圆圈的大小和完成圆圈的速度。飞行轨迹如图 1-2-15 所示。

图 1-2-15　飞圆圈

项目评价表

本项目的学习已经全部完成，大家给自己的学习打个分吧，同时登记小组评分和教师评分，最后按自我评分 30%，小组评分 30%，教师评分 40% 的比例计算合计得分。

小组评分和教师评分时不光要考虑任务完成情况，还要综合考虑小组的合作、沟通能力、工作态度等职业素养。

任务名称	评分内容	分值	自评分	小组评分	教师评分	学习体会
配置无人机	开箱检查配件	10				
	下载并安装手机APP	10				
	检查电量	10				
	安装螺旋桨	10				
	认识遥控器	10				
操控无人机	使用模拟器	10				
	熟悉遥控器	10				
	起飞无人机	10				
	操控无人机	10				
	降落无人机	10				
合计得分：						

单元检测

1. 下列不适合无人机起飞的环境是（　　）。

A. 远离人群和建筑物的开阔场地　　B. 合法的飞行区域内

C. 风速大于等于 10m/s　　D. 天气良好

2. 大疆精灵 4PRO 无人机起飞前一定要等待 DJI GO 4 APP 界面中的飞行状态指示栏显示为“起飞准备完毕（GPS）”的原因是（　　）。

A. 需要 GPS 定位　　B. 记录当前位置为返航点

C. 确保不在禁飞区　　D. 无人机需要自检

3. 遥控器操控方式为“美国手”时，向上推动遥控器的左摇杆，飞行器将(　　)。

A. 上升　　B. 下降　　C. 前进　　D. 后退

4. 遥控器操控方式为“美国手”时，向上推动遥控器的右摇杆，飞行器将（　　）。

A. 上升　　B. 下降　　C. 前进　　D. 后退

5. 中国民航局发布《民用无人驾驶航空器实名制登记管理规定》其中有：超过（　　）克的无人机必须在指定网站完成实名登记。

A. 2000　　B. 1000　　C. 500　　D. 250

单元小结

本单元通过项目 1 学习了无人驾驶飞行器（简称无人机）的基础知识。包括无人机的定义、发展历史、分类、生产厂家以及无人机的系统组成。通过项目 2 学习了如何操控无人机。以大疆精灵 4PRO 为例，在模拟器上学习无人机配置和在开阔场地上实战体验如何使用无人机遥控器控制无人机的操作。

第2单元

无人机飞行常识

单元概述

本单元分为两部分，无人机的飞行安全及无人机航拍的发展应用。

无人机航拍以其独特的角度与宏观的视野吸引着人们的注意，越来越多的无人机航拍爱好者加入到这一拍摄群体中。但由于无人机独特的操作特性和运行特点，近些年无人机引起的相关安全事件屡见不鲜，无人机的管控问题一直难以得到有效解决。因此，在进行无人机航拍时，一定要了解并遵守相关法律法规，注意飞行安全，避免“黑飞”及违法违规操控。

随着无人机技术的成熟和市场消费者认可度的不断提升，无人机技术已经“跨界”，与其他更多领域的技术产生“火花”，逐步地融入人们生活和工作的方方面面。无人机航拍的发展已经成为令人兴奋的领域，关于它的应用更是层出不穷，一些较新、较先进的国内外无人机航拍应用正不断呈现在人们面前。

本单元将讲述国内无人机飞行的相关法规以及飞行中需注意的安全常识，为读者介绍现有无人机飞行的常见安全规范，并列举一些国内外无人机航拍应用的典型案例，进而揭示无人机航拍的发展趋势，为读者提供广阔视野。

学习目标

本单元对无人机的飞行安全、规范及航拍的应用、发展趋势进行简单介绍。从知识目标上，要求通过对本单元的学习，了解无人机的飞行安全和典型应用；从技能目标上，在学习众多规范过程中掌握无人机的飞行规范；从情感目标上，在学习规范和感悟应用过程中，能提高作业安全意识，进而增强学习无人机航拍的自信心，提升无人机航拍的自豪感。

项目1 无人机的飞行安全

项目描述

如今，不管是“发烧友”航拍风景，还是政府部门拍摄记录项目工程，都会用到无人机，无人机的使用已深入日常生活。无人机的需求不断增加，但仍存在坠落伤人、侵犯隐私等问题，亟待监管和规范无人机航拍。那么，到底有哪些无人机飞行的规范要求呢？本项目分为法规、安全两个方向的任务，向读者简单介绍无人机飞行的规范，读者通过自主探究完成相关规范的学习，并运用到相应的工作和生活中。

任务1 无人机飞行的法规

任务分析

家住山东枣庄市中区苹果花园的陈女士表示，她最近和邻居李先生就无人机一事起了争执，原因是陈女士担心隐私被泄露。而李先生却认为，自己买无人机只是送给儿子当生日礼物，平时也是儿子在操作无人机飞行，他在一旁监督，并没有侵犯陈女士的隐私，因此对陈女士反对自己使用无人机感到不理解，双方争执不下。作为一名无人机航拍爱好者，会如何看待这件事？面对如图 2-1-1 所示的愈演愈烈的无人机飞行侵犯隐私案例，应该怎样规范无人机飞行，并保护好被拍摄者的隐私？这里涉及的焦点其实都是一个，即无人机飞行的法规问题，本任务对国内的无人机飞行的常见法规进行探讨。

扫码看视频

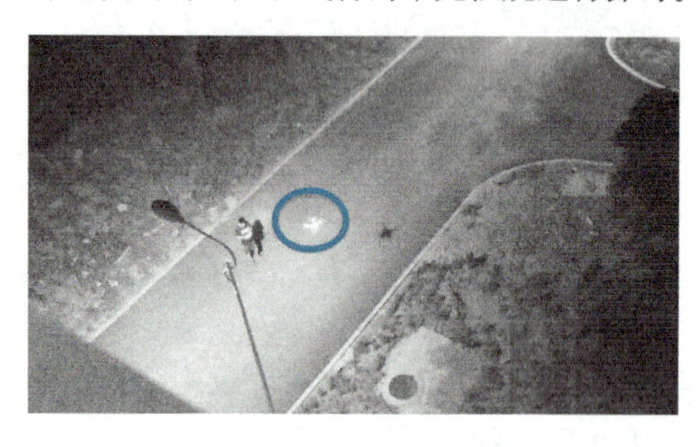

图 2-1-1 无人机暴露隐私事件

任务实施

我国近年来出台的无人机管理规定包括《民用无人驾驶航空器系统空中交通管理

办法》《轻小无人机运行规定（试行）》《民用无人机驾驶员管理规定》《通用航空飞行管理条例》等，下面将从注册、评估管理、空域、驾驶员、安全责任这5个方面来进行分析。

1. 注册

2017年5月16日，中国民用航空局航空器适航审定司下发的《民用无人驾驶航空器实名制登记管理制定》提出，2017年6月1日起，最大起飞重量为250克以上（含250克）的民用无人机要进行实名登记。

2017年8月31日后，民用无人机拥有者如果未按照规定实名登记和粘贴登记标志的，其行为将被视为违反法规的非法行为，其无人机的使用将受影响，监管主管部门将按照相关规定进行处罚。

2. 评估管理

中国民用航空局空管行业管理办公室2016年9月发布的《民用无人驾驶航空器系统空中交通管理办法》中第五条规定：

第五条　在本办法第二条规定的民用航空使用空域范围内开展民用无人驾驶航空器系统飞行活动，除满足以下全部条件的情况外，应通过地区管理局评审：

（一）机场净空保护区以外；

（二）民用无人驾驶航空器最大起飞重量小于或等于7千克；

（三）在视距内飞行，且天气条件不影响持续可见无人驾驶航空器；

（四）在昼间飞行；

（五）飞行速度不大于120千米/小时；

（六）民用无人驾驶航空器符合适航管理相关要求；

（七）驾驶员符合相关资质要求；

（八）在进行飞行前驾驶员完成对民用无人驾驶航空器系统的检查；

（九）不得对飞行活动以外的其他方面造成影响，包括地面人员、设施、环境安全和社会治安等。

（十）运营人应确保其飞行活动持续符合以上条件。

评估的步骤：运营人员向空管单位提出使用空域申请，要求对空域内的运行安全进行评估并形成评估报告；地区管理局对评估报告进行审、查或评审，然后给出结论。评估的内容至少包括：民用无人驾驶航空器系统基本情况、飞行性能、感知与避让能力、活动计划、适航证件（特殊适航证、标准适航证和特许飞行证等）、驾驶员基本信息和执照情况、民用无人驾驶航空器系统故障时的紧急程序等。

3. 设定隔离空域

中国民用航空局空管行业管理办公室2016年9月发布的《民用无人驾驶航空器系统

空中交通管理办法》提出：民用无人驾驶航空器仅允许在隔离空域内飞行。隔离空域，指的是专门分配给无人驾驶航空器系统运行的空域，通过限制其他航空器的进入以规避碰撞风险。同样，在《民用无人驾驶航空器系统空中交通管理办法》第十条中规定：

第十条　民用无人驾驶航空器飞行应当为其单独划设隔离空域，明确水平范围、垂直范围和使用时段。可在民航使用空域内临时为民用无人驾驶航空器划设隔离空域。飞行密集区、人口稠密区、重点地区、繁忙机场周边空域，原则上不划设民用无人驾驶航空器飞行空域。

也就是说，无人机不能与其他有人驾驶航空器共享空域，想要合法，就只能在隔离空域内飞行。

4．训练无人机驾驶员

2016 年 7 月 11 日，中国民用航空局飞行标准司下发了《民用无人机驾驶员管理规定》，对无人机驾驶员实施了分类管理，规定有些情况下无须持有驾驶执照，有些情况下必须持有驾驶执照，如图 2-1-2 所示。

图 2-1-2　无人机驾驶员执照

该规定适用的无人机分类见表 2-1-1。

表 2-1-1　无人机的分类

分类等级	空机重量（千克）	起飞全重（千克）
Ⅰ	0<W ≤ 0.25	
Ⅱ	0.25<W ≤ 4	1.5<W ≤ 7
Ⅲ	4<W ≤ 15	7<W ≤ 25
Ⅳ	15<W ≤ 116	25<W ≤ 150
Ⅴ	植保类无人机	
Ⅵ	无人飞艇	
Ⅶ	超视距运行的Ⅰ、Ⅱ类无人机	
Ⅺ	116<W ≤ 5700	150<W ≤ 5700
Ⅻ	W>5700	

注：（1）实际运行中，Ⅰ、Ⅱ、Ⅲ、Ⅳ、Ⅺ类分类有交叉时，按照较高要求的一类分类。
（2）对于串、并行运行或编队运行的无人机，按照总重量分类。
（3）地方政府（例如当地公安部门）对于Ⅰ、Ⅱ类无人机重量界限低于本表规定的，以地方政府的具体要求为准。

下列情况下，无人机系统驾驶员自行负责，无须证照管理：

A．在室内运行的无人机；

B．Ⅰ、Ⅱ类无人机（如运行需要，驾驶员可在无人机云系统进行备案。备案内容应包括驾驶员真实身份信息、所使用的无人机型号，并通过在线法规测试）；

C．在人烟稀少、空旷的非人口稠密区进行试验的无人机。

下列情况下，无人机驾驶员由行业协会实施管理，局方飞行标准部门可以实施监督：

A．在隔离空域内运行的除Ⅰ、Ⅱ类以外的无人机；

B．在融合空域内运行的Ⅲ、Ⅳ、Ⅴ、Ⅵ、Ⅶ类无人机。

在融合空域运行的Ⅺ、Ⅻ类无人机，其驾驶员由局方实施管理。

5．规范安全责任

无人机的驾驶脱离地面，翱翔于天空，极有可能对建筑物、构筑物设施设备以及人的生命财产造成危害。我国《侵权责任法》规定“民用航空器造成他人损害的，民用航空器的经营者应当承担侵权责任，但能够证明损害是因受害人故意造成的，不承担责任”。说明若无人机的侵权责任是严格责任，即高度危险责任，一旦发生损害，则应承担赔偿，且只有在“受害人故意”的一种情况下才能够免责，这无疑对无人机的安全适航责任提出了非常高的要求。

同时，无人机基于其在信息采集上能力超群、得天独厚的优势，也会涉及个人或商业隐私问题。很多驾控者操纵无人机航拍照片，有意或无意间会侵犯到他人的个人隐私或商业秘密。因此，无人机企业在展开拍摄服务的同时，应当同时作好侦测工作，通过技术或人力进行“马赛克”，对人脸、门牌、车牌等进行模糊化处理。

本任务开头所述的案例中，对无人机缺少有效监管，驾驶员还是个小孩，也不符合相关资质要求，并违反了“不得对飞行活动以外的其他方面造成影响，包括地面人员、设施、环境安全和社会治安等”的法规，极易造成对陈女士个人隐私的侵犯。所幸没有造成严重后果，否则无人机的使用者或营运商（包括监护人李先生）均将承担严格责任，甚至接受法律制裁。

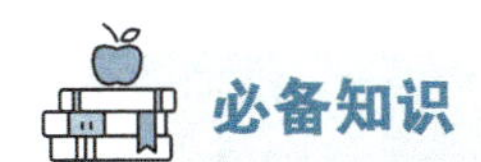

扫码看视频

1）无人机云系统：是指轻小型民用无人机运行动态数据库系统，用于向无人机用户提供航行服务、气象服务等，对民用无人机运行数据（包括运营信息、位置、高度和速度等）进行实时监测。接入系统的无人机应即时上传飞行数据，无人机云系统对侵入电子围栏的无人机具有报警功能。

2015年末发布的《轻小无人机运行规定（试行）》提出：

对于重点地区和机场净空区以下使用的Ⅱ类和Ⅴ类的民用无人机，应接入无人机云，或者仅将其地面操控设备位置信息接入无人机云，报告频率最少每分钟一次。对于Ⅲ、Ⅳ、Ⅵ和Ⅶ类的民用无人机应接入无人机云，在人口稠密区报告频率最少每秒一次。在非人口稠密区报告频率最少每30秒一次。未接入无人机云的民用无人机，运行前需要提前向管制部门提出申请，并提供有效监视手段。

云监督系统就好比空中交通指挥官，将无人机加入云监管将是未来的普遍趋势，在互联网+和大数据热潮的推动下，目前已有多家机构和企业加入到无人机云提供商的行列。2016年3月4日，U-Cloud正式获得中国民用航空局飞行标准司的运行批文，有效期两年，成为首家获得民航局批准的无人机云系统。

2）电子围栏：是指为阻挡即将侵入特定区域的航空器，在相应电子地理范围中画出特定区域，并配合飞行控制系统、保障区域安全的软硬件系统。

3）融合空域：融合空域，是指有其他航空器同时运行的空域。

4）视距内运行（Visual Line of Sight Operations，VLOS）：无人机驾驶员或无人机观测员与无人机保持直接目视视觉接触的操作方式，航空器处于驾驶员或观测员目视视距内半径500m、相对高度低于120m的区域内。

5）超视距运行（Beyond VLOS，BVLOS）：无人机在目视视距以外运行。

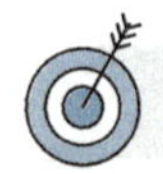

任务拓展

美国一名叫保罗•斯金纳（Paul Skinner）的男子在2015年6月驾驶航拍公司SkyPan生产的无人机在大游行期间撞击一栋建筑并坠毁，造成一位女性头部受伤，发生脑震荡。他最终被陪审团认定有罪，最高将面临1年刑期和5 000美元罚款。据最终和解协议，SkyPan同意在未来3年向FAA（美国联邦航空管理局）支付20万美元罚款，并制作一份公益广告，专门宣传无人机安全问题，还要呼吁整个行业与FAA展开合作。

作为全世界逐渐普及的一项活动，无人机飞行需要注意些什么？欧盟、美国、澳大利亚等制订的无人机航拍相关法律法规与我国相比，又有哪些特殊的地方？不妨从网上找找看，并思考如何形成规范的无人机飞行意识。

任务2 无人机飞行的安全

2015年3月，某影视制作公司在上海松江新浜镇工业园区内进行航拍，因信号突受干扰，无人机升空盘旋仅两圈就失控，撞上附近的1万伏双层高压线，卡在中间无法移动，差点造成大面积停电和电力设施毁损，如图2-1-3所示。这是一起典型的无人机飞行安全事件，案例中的无人机飞行未考虑到工业区信号复杂，附近还有万伏高压线，险些造成严重的安全后果。到底有哪些有关无人机飞行的安全知识？又如何在日常的无人机操控飞行时重视安全、提升安全意识，让无人机飞得放心、飞得安心？本任务就无人机飞行的安全知识做进一步的说明与补充。

图 2-1-3　无人机飞在监管盲区险酿大祸

任务实施

飞行安全是指航空器在运行过程中不出现由于运行失误或外来原因而造成航空器上的人员受伤或者航空器损坏的事件。由于无人机的设计、制造与维护难免有缺陷，其运行环境包括起降场地、运行空域、助航系统、气象情况等复杂多变，人员操控也难免出现失误等，无人机的飞行安全会受到威胁。飞行安全还包括对周边环境安全的影响，有时候对周边环境特别是被拍摄者的安全更为重要。上一任务介绍了无人机飞行的法规，那么日常无人机飞行又有哪些安全要求和注意事项呢？

1．飞行前的安全事项

1）要注意气象观察。影响无人机飞行的气象环境主要包括风速、雨雪、大雾、空气密度、大气温度等，做到不在恶劣天气飞行无人机。

2）要保证手机信号的覆盖率。目前国内三大电信运营公司（电信、移动、联通）在城中或乡镇地区密集性建设地面基站网络。虽然无线发射信号的频率和无人机遥控设备的频率相差较大，但由于地面基站发射功率较大，无人机靠近时，还是会影响飞控的正常工作。同时，部分较大型无线电设备会直接影响飞行，例如，雷达、广播电视信号塔、高压线（电弧区）等。

3）遵守当地法律法规。不要在禁飞区飞行，如机场附近、军事基地周边等。尽量避开人群稠密或闹市区，如公园、树多、空间狭小的地方。注意地面相对环境的变化，起飞和降落时注意小孩、宠物的位置。飞行前应从谷歌地图上对飞行区的地形地势进行一个初步的了解，选择一个开阔无遮挡的场地进行飞行。

4）进行全面设备检查。包括确保设备电量充足，对无人机的零部件、布线、遥控器等进行检查。

2．飞行时的安全事项

1）保证无人机在视线范围内飞行。请保持在视线内控制，远离障碍物、人群密集区、水面等；且请勿在有高压线、通信基站或发射塔等区域飞行，以免遥控器受到干扰。请勿超过安全飞行高度（相对高度120m），时刻保持对飞机的控制，在GPS信号良好的情况下飞行。

2）遇到意外时冷静处理。当飞机的机翼打到障碍物而卡住时，请立刻关闭油门，关闭动力，否则会因为堵住电动机而产生大电流，会烧坏电池、线路板、电动机等设备。在飞机失去信号时，等待无人机返航或重新获得信号，信号丢失5min后，如果飞机还未返回，则根据手机录的视频确定航拍飞机失联位置，将开启的遥控器及手机移至失联地附近，看是否能连接上坠毁失事的航拍飞机。若能连上，可通过手机屏幕的定位及飞机摄像头的内容确定飞机的坠落地点。

3. 其他注意事项

为安全起见，无人机飞行时，还需特别注意：

1）安装和使用遥控模型时需要专业的知识和技术，不能随便地操作，不正确的操作可能导致设备损坏或者人身伤害。

2）严禁在下雨时飞行。水和水汽会从天线、摇杆等缝隙进入发射机并可能引发失控。

3）遥控器电池组的电压较低时需要谨慎对待，不要飞得太远，在每次飞行前都需要检查遥控器和接收机的电池组。

4）遥控器放在地面上的时候，注意平放而不要竖放。

5）有些轻型以上无人机（日常使用大多微、轻型）的操控人员在操控时必须关闭手机，飞行操作过程中操控手必须穿硬底有后跟鞋，严禁穿拖鞋操作飞机，严禁酒后操作飞机。

随着国内无人机飞行安全相关条款的日渐完善，无人机飞行中出现的安全责任也越来越清晰，若因操控者操作不当而造成无人机飞行事故，将追究相关人员和单位的责任。本任务开头所述的案例中，工业区上方即为一个非隔离区域，有电子信号的干扰，且无人机容易失控，极可能是由于无人机评估管理未到位而酿成安全恶果。该影视公司需承担严格责任。

必备知识

1. 无人机的使用条件

民用无人机的分类与特征见表2-1-2。

表2-1-2 民用无人机的分类与特征

序号	名称	最大起飞质量	备注
1	微型民用无人机	不大于0.5kg	常见“飞友”使用
2	轻型民用无人机	不大于7kg	
3	小型民用无人机	不大于25kg	
4	中型民用无人机	不大于150kg	
5	大型民用无人机	大于150kg	

按照规定，目前飞友们广泛使用的无人机一般都在“轻型”范围内。以时常使用的轻型无人机为例，无人机需满足4个条件：

1）轻型无人机必须实名登记。新规定中明确指出除微型无人机以外，所有的无人机都需要登记，并给无人机标明登记后的标志。实名认证的信息要与飞行管理部门和公安部门双方共享。

2）轻型无人机暂时不需要飞行驾照，但必须了解并掌握无人机带来的安全风险，必须遵守飞行法则，熟悉无人机的操作流程。轻型无人机在具备可靠的被监视能力、空域保持能力，且始终在机组目视视距内飞行的，在划设的允许飞行空域内不需要申请飞行计划。如若有其他情况，则必须按照规定申请飞行计划。

3）轻型无人机除了在飞行管制区域、政府机关等重要区域需注意飞行高度，在机场、车站、广场等人口密集的区域，其高度通常也不能超过120m。

4）除微型无人机以外，在原则上其他无人机是不能在夜间飞行的。无人机不得搭载违禁品、危险品等一些未经批准的物品，也不得向地面投掷物品、喷洒液体。新政策明确规定无人机禁止在移动车辆或者飞机上操控飞行。

2. 影响无人机飞行的气象环境

1）风速：建议飞行风速在4级（5.5～7.9m/s）以下，遇到楼层或者峡谷等注意突风现象。通常起飞重量越大，抗风性越好。

2）雨雪：市面上多数无人机设备无防水功能，故雨雪形成的水滴会影响飞行器电子电路部分，造成短路或漏电的情况，其次机械结构部分零件为铁或钢等金属材料，进水后会腐蚀或生锈，影响零件正常运行。

3）大雾：主要影响操纵人员的视线和镜头画面，难以判断实际安全距离。

4）空气密度：大气层空气密度随着海拔高度的增加而减小。在空气密度较低的环境中飞行，飞行器的转速增加，电流增大，导致续航时间减少。

5）大气温度：飞行环境温度非常重要，主要影响电动机、电池、电调等散热，大多数无人机采用风冷自然散热。温度环境与飞行器运行温度温差越小，散热越慢。

任务拓展

2016年6月11日，全球最繁忙的国际机场——迪拜国际机场（当时国际旅客吞吐量排名第1）空域因为无人机入侵，被迫关闭69min，22个航班受到影响。在同一天，两架未经授权的无人机飞入了波兰华沙肖邦机场的飞机降落区域，这一波兰最大机场被迫暂停所有飞机降落半小时。触目惊心的无人机“飞行威胁”层出不穷，如图2-1-4所示。国外也有不少法律法规对无人机的飞行进行规范。不妨上网查找国外无人机飞行安全的注意事项，与国内法规或注意事项比较有哪些异同点？

图 2-1-4 遇险波兰客机成功机腹迫降

项目评价

本项目主要就国内无人机飞行的一些监管或安全规范进行介绍，给读者呈现无人机领域的安全要求，读者在进行无人机飞行时无论在国内还是国外均需了解当地的相关法律法规，遵守无人机飞行的规范，为拍摄及后期利用服务。同时从长远看，无人机飞行的规范将会随着新问题的出现而更加严格，相关条例也更加清晰。一个良好的无人机航拍创作，亟待更完善的市场或运行规范。

本项目的学习已经全部完成，大家给自己的学习打个分吧，同时登记小组评分和教师评分，最后按自我评分 30%，小组评分 30%，教师评分 40% 的比例计算合计得分。

小组评分和教师评分时不光要考虑任务完成情况，还要综合考虑其小组的合作、沟通能力，工作态度等职业素养。

任务名称	评分内容	分值	自评分	小组评分	教师评分	学习体会
无人机的飞行安全	无人机飞行的法规	50				
	无人机飞行的安全	50				
合计得分：						

实战强化

请各位读者通过网络、电视、新闻等媒介，去了解无人机安全规范方面的最新成果，国内除了《民用无人驾驶航空器实名制登记管理制定》《民用无人驾驶航空器系统空中交通管理办法》《民用无人机驾驶员管理规定》等国家级法规外还有哪些地方级法规，比如浙江省有哪些无人机方面的法律法规？它们又都讲了些什么？作为无人机航拍爱好者，该如何遵守这些规范？

项目2 无人机航拍的发展应用

项目描述

无人机作为一种空中平台，把人们的生活从二维扩展到了三维空间，除平面外还在第三维——高度上赋予了生活无限可能。在地图测绘、地质勘测、灾害监测、气象探测、空中交通管制、边境巡逻监控、通信中继、农药喷洒等方面都有无人机航拍的足迹。比较出名的劲鹰无人机，更是在航测、航拍、航飞服务、遥感等方面做得特别好。那么，到底有哪些无人机航拍的新兴发展和时尚应用呢？本项目将分应用、发展两个方向实施任务，向读者简单介绍无人机航拍的应用典型案例和发展趋势，读者通过自主探究完成对相关应用的了解，增强对无人机航拍的自信。

任务1 无人机航拍的应用

任务分析

2015年6月，河南高考的洛阳试点首次进行无人机监考，利用无人机强大的监控能力防止学生作弊或者携带电子设备进入考场，如图2-2-1所示。随着民用无人机市场规模的迅速壮大，无人机航拍的应用也日渐广泛，很多场合都需要无人机来大显身手。那到底无人机航拍有哪些应用呢？本任务将从身边的无人机航拍的应用来展示无人机航拍的独特魅力。

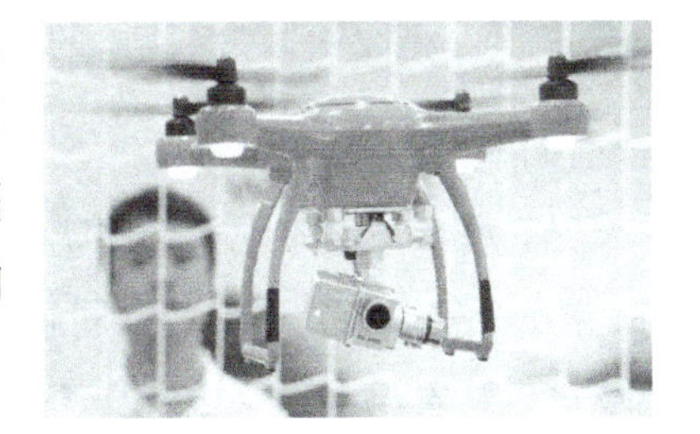

图2-2-1 无人机在试场之外监考

任务实施

1．生活应用

（1）街景航拍

无人机拍摄的街景与谷歌和腾讯街景不同，其拍摄的街景图片不仅有一种鸟瞰世界的视角，还带有些许艺术气息。在常年云遮雾罩的地区，遥感卫星不能拍摄清楚的时候，无人机可实现“冲锋陷阵”。贵州某处广场的无人机街景航拍效果如图2-2-2所示。

图2-2-2 无人机街景航拍（贵州某处广场）

（2）影视剧航拍

《战狼》系列、《阿凡达》、《流浪地球》等影视剧，幕后都有无人机的踪影。北京奥运会及央视的钱塘江大潮等重要事件的报道中，无人机也功不可没。影视圈使用无人机的成功案例比比皆是，如图 2-2-3 所示。

（3）电力巡检

传统的人工电力巡线方式条件艰苦、效率低下，一线的电力巡查工偶尔会遭遇被狗撵、被蛇咬的危险。无人机则实现了电子化、信息化、智能化巡检，提高了电力线路巡检的工作效率、应急抢险水平和供电可靠率。而在山洪暴发、地震灾害等紧急情况下，无人机可对线路的潜在危险，如塔基陷落等问题进行勘测与紧急排查，丝毫不受路面状况影响，既免去攀爬杆塔之苦，又能勘测到人眼的视觉死角，对于迅速恢复供电很有帮助。无人机航拍进行电力巡检的场景如图 2-2-4 所示。

图 2-2-3 影视剧中的无人机航拍

图 2-2-4 无人机航拍进行电力巡检

（4）交通监视

无人机参与城市交通管理能够发挥自己的专长和优势，帮助公安城市交管部门共同解决大中城市交通顽疾，不仅可以从宏观上确保城市交通发展规划贯彻落实，而且可以从微观上进行实况监视、交通流的调控，构建水、陆、空立体交管，实现区域管控，确保交通畅通，应对突发交通事件，实施紧急救援。无人机航拍进行交通监视的场景如图 2-2-5 所示。

图 2-2-5 无人机航拍进行交通监视

（5）灾后救援

无人机动作迅速，起飞至降落仅 7 分钟就已完成了 100 000 平方米的航拍，对于争分夺秒的灾后救援工作而言，意义非凡。此外，无人机保障了救援工作的安全，通过航拍的形式，可以避开那些可能存在塌方的危险地带，为合理分配救援力量、确定救灾重点区域、选择安全救援路线以及灾后重建选址等提供很有价值的参考。此外，无人机可全方位地实时监测受灾地区的情况，以防再次发生灾害。无人机航拍进行灾后救援的场景如图 2-2-6 所示。

（6）考场监控

无人机监考不同于普通监控设备，无人机会对考场全方位无死角监控，一旦有电子设备被带进考场或者出现任何的作弊行为，立即就会被发现，如图 2-2-7 所示。

图 2-2-6　无人机航拍进行灾后救援

图 2-2-7　高考当天无人机“捕捉”无线电信号

2．工农业应用

（1）农业保险

在自然灾害频发、颗粒无收的情况下，农业保险有时候是农民们的一根救命稻草，却因理赔难又让人多了一肚子苦水。无人机在农业保险领域的应用，一方面可确保定损的准确性以及理赔的高效率，又能监测农作物的正常生长，帮助农户开展针对性的措施，以减少风险和损失。无人机航拍进行农业评估的场景如图 2-2-8 所示。

（2）环保

无人机航拍在环保领域的应用主要分两种类型。一是环境监测：观测空气、土壤、植被和水质状况，也可以实时快速跟踪和监测突发环境污染事件的发展；二是环境执法：环监部门利用搭载了采集与分析设备的无人机在特定区域巡航，监测企业工厂的废气与废水排放，寻找污染源。无人机航拍的持久性强，还可采用远红外夜拍等模式，实现全天候监测。无人机执法不受空间与地形限制，时效性强、机动性好、巡查范围广，尤其是在雾霾严重的京津冀地区，执法人员可及时排查到污染源，一定程度上可降低雾霾的污染程度。无人机航拍进行环境保护的场景如图 2-2-9 所示。

图 2-2-8　无人机航拍进行农业评估

图 2-2-9　无人机航拍进行环境保护

(3) 建筑行业

目前，国内工程监工大多采用设立工程监工岗位对施工队员进行监督，但由于种种原因，人工监工的效果并不理想，不少建筑队伍还是出现了消极怠工、偷工减料等各种问题，故催生了无人机自动监工。无人机航拍进行建筑监工的场景如图 2-2-10 所示。

图 2-2-10 无人机航拍进行建筑监工

3. 军事应用

(1) 确权问题

大到两国的领土之争，小到农村土地的确权，无人机都可进行航拍。以钓鱼岛之争为例，无人机灵活机动，无需出动一兵一卒，就可记录下日本在我国钓鱼岛周围实施的图谋不轨的小动作。实际上，有些国家内部的边界确权问题还牵扯到不同的种族，调派无人机前去采集边界数据有效地避免了潜在的社会冲突。无人机航拍进行国土巡航的场景如图 2-2-11 所示。

(2) 遥感测绘

遥感，就是遥远的感知，广义来说，就是没有到目标区域而利用遥控技术进行当地情况的查询。狭义上讲，就是卫星图片及航飞图片。测绘遥感，就是利用遥感技术，在计算机上进行计算并且能够达到测绘目的的行为。无人机航拍进行遥感测绘的场景如图 2-2-12 所示。

图 2-2-11 无人机航拍进行国土巡航

图 2-2-12 无人机航拍进行遥感测绘

必备知识

1) 劲鹰无人机：目前较为常用且先进的一种无人机，与传统测绘无人机相比，劲鹰无人机航测更节省时间，降低人力成本，有正射影像、精度好的绝对优势。

2) 街景航拍工作原理：利用携带摄像机装置的无人机，开展大规模航拍，实现空中俯瞰的效果。

3) 影视剧航拍工作原理：无人机搭载高清摄像机，在无线遥控的情况下，根据节目拍摄需求，在遥控操纵下从空中进行拍摄。无人机实现了高清实时传输，其距离长达 5km，而标清传输距离则长达 10km；无人机灵活机动，低至 1m，高至 5km，可实现追车、升起和拉低、左右旋转，甚至还可以贴着马肚子拍摄等，极大地降低了拍摄成本。

4）电力巡检工作原理：装配有高清数码摄像机、相机以及 GPS 定位系统的无人机，可沿电网进行定位自主巡航，实时传送拍摄影像，监控人员可在计算机上同步收看与操控。

5）灾后救援工作原理：利用搭载了高清拍摄装置的无人机对受灾地区进行航拍，提供最新的影像。

6）农业保险工作原理：利用集成了高清数码相机、光谱分析仪、热红外传感器等装置的无人机在农田上飞行，准确测算投保地块的种植面积，所采集数据可用来评估农作物的风险情况、保险费率，并能为受灾农田定损，此外，无人机的巡查还实现了对农作物的监测。

实践强化

今年清明期间，广东普宁市全市范围内，特别是流沙东、大南山街道，下架山、云落镇等重点区域开展无人机不间断、全方位侦查和循环广播活动。经多部门现场核对，该批爆竹主要为个人燃放类产品，有 4 种不同规格、类型，共 14 块。无人机不仅可以搭载高清摄像机，还可以搭载红外摄像头，对于户外燃放烟花爆竹等现象可尽收眼底，保证周边人们的生活安全，如图 2-2-13 所示。2019 年 3 月 30 日 18 时许，四川省凉山州木里县雅砻江镇立尔村发生了森林火灾，当地组织力量进行扑救，最后 30 名扑救队员牺牲。思考无人机若能及时发现并预警，是否可以减少伤亡？无人机可以在哪些方面为人们带来好处？该如何更好地进行无人机航拍及相关应用？四川凉山木里火场复燃后协助灭火的无人机如图 2-2-14 所示。

图 2-2-13 清明节无人机“巡查”易燃品

图 2-2-14 四川凉山木里火场复燃后协助灭火的无人机

任务2 无人机航拍的发展趋势

任务分析

2019年4月15日下午6时50分左右，法国巴黎圣母院发生火灾，整座建筑损毁严重。着火位置位于圣母院顶部塔楼，大火迅速将圣母院塔楼的尖顶吞噬。2019年4月16日凌晨3时30分左右公布了巴黎圣母院大火救援的最新进展，称火情已“全部得到有效控制，并已部分扑灭”。这座有着大约800年历史的哥特式建筑保住了主体结构，举世闻名的两座钟楼得以保住。这次抢救文化遗产的救火行动中，巴黎消防员使用大疆（DJI）的无人机来实时监测圣母院火灾的最新进展，通过空中巡逻寻找到架设消防水带的最佳位置，帮助消防员迅速全面地掌握了火灾的数据和最新动向，如图2-2-15所示。这是一个典型的无人机航拍高端应用，大疆无人机以其先进的航拍技术成功走出国门，走向世界。那么与常规应用相比，无人机的应用又会向哪些方面发展呢？本任务就无人机航拍的发展趋势进行探讨与展示。

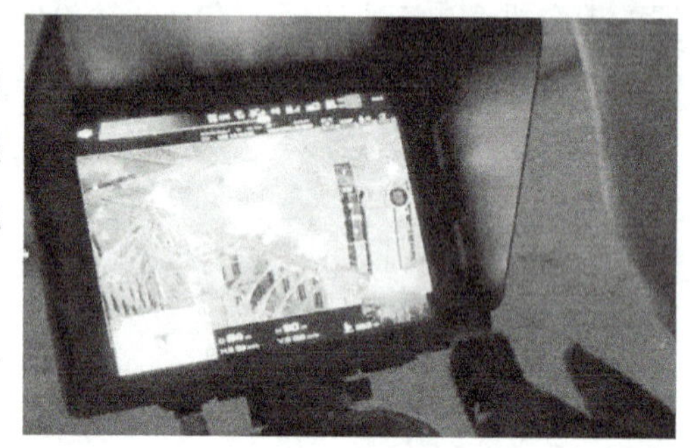

图2-2-15 无人机航拍助力救火队员掌握灾情

任务实施

1．生活应用领域的发展

（1）Nixie无人机

Nixie无人机打破了人们对于无人机的传统印象，是一款可穿戴的无人机。当它折叠后戴在手腕上时，看上去类似于Apple Watch，但把它展开后，便是一架四旋翼无人机，也就是说，除了无人机外，还可以用作手环和摄像头，如图2-2-16所示。

对于孤单的冒险者来说，无论是登山还是攀岩，都可以使用这款无人机，不管是全景还是自拍，不管是惊险时刻还是成功登顶，Nixie统统都可以记录下来，陪着人们跨过山和大海，成为冒险视频日记，如图2-2-17所示。

Nixie无人机的使用方法就像电影《哈利·波特》中的“飞去来器”一样，想拍的时候便把它从手腕上取下来，接着一抛它就能自动飞起来，放飞后利用机载运动传感器追踪，当需要收回它时，只需要通过提前设置好的计时器或者手势，就可以召回无人机。

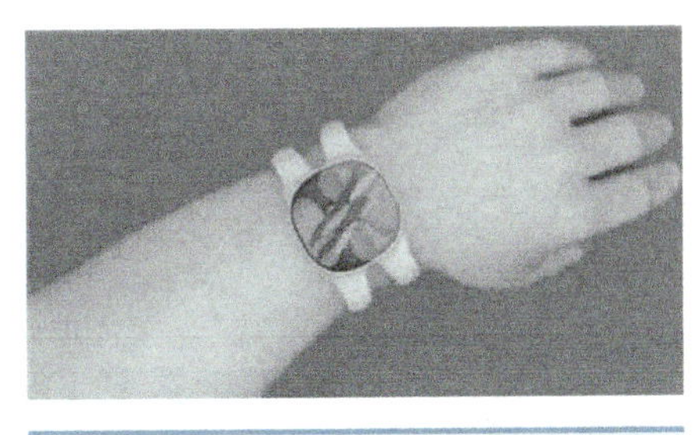

图 2-2-16　穿戴式无人机样式

图 2-2-17　穿戴式无人机使用

Nixie 还可以与用户的手机进行绑定，能够及时在手机上更新数据。Nixie 无人机为许多用户解放了双手，虽然现在并没有完全研发出来，但国内外仍然有不少人期待着它上市。

（2）美国 Vtrus 公司的无人机室内检测技术

Vtrus 公司位于西雅图渔民码头附近，开发了一种名为 ABI Zero 的室内自动飞行的无人机，可以在复杂的仓库环境中完成导航任务，而不需要远程操作员或 GPS 导航点指引。ABI Zero 可以完成长达 10min 的空中测量任务，然后返回基站进行充电。该基站还作为一个 Wi-Fi 连接节点，用于接收来自无人机的流数据并将其转发到 Vtrus 云服务端。无人机室内检测技术如图 2-2-18 所示。

图 2-2-18　无人机室内检测技术

由于 Vtrus 公司的无人机专为室内使用而设计的，因此不需要满足美国联邦航空管理局（FAA）对无人机户外飞行限制的要求。此外，该公司一直在“无人驾驶”试点项目中展示其技术实力，而最新的一轮融资情况将有助力 Vtrus 公司进一步走向商业化。

（3）亚马逊 Prime Air

2016 年 12 月，亚马逊宣布已在英国开始试行无人机送货服务，当地有两个顾客通过无人机收到商品。第一单的无人机配送从顾客下单到商品送达仅花了 13min。亚马逊称将与英国政府合作测试小型送货无人机。民航局允许亚马逊测试无人机，目标是探究 3 个主要问题：视线以外的飞行活动、障碍回避和多架无人机的同时运行。亚马逊在英国推出的送快递业务无人机如图 2-2-19 所示。

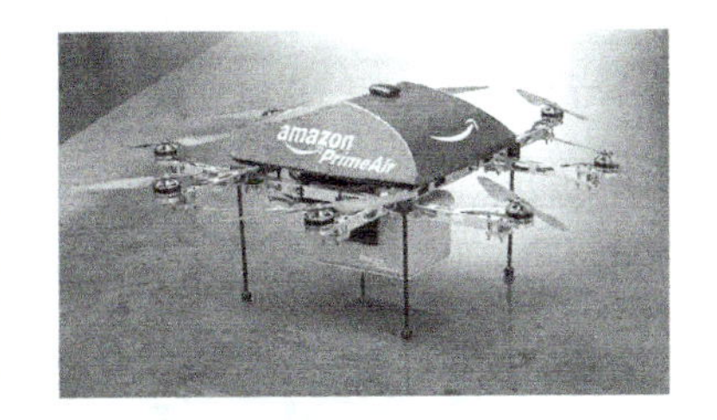

图 2-2-19　亚马逊在英国推出的送快递业务无人机

2. 工农业应用领域的发展

（1）新加坡无人机 360° 全景测绘

360° 全景测绘也是现在无人机在工程领域的研究重心所在。新加坡一家公司第一次使用了配备以 360° 全景摄像头为基础的全面扫描系统、自动检测隧道不良情况并记录位置的软件的无人机对新加坡海底隧道进行了质量检测，检测内容包括隧道裂缝以及渗漏水情况。如图 2-2-20 所示。

图 2-2-20 无人机海底隧道测绘

（2）反偷猎与遏制野生动物犯罪

无人机不仅可以帮助科学家观察动物的自然栖息地，还可以帮助保护濒危物种免遭偷猎者的伤害，如图 2-2-21 所示。在过去的几年里，反偷猎组织利用无人机的力量来拯救肯尼亚、津巴布韦和南非等国家的犀牛和大象。即使是在禁止偷猎的地区，依然有偷猎者进入国家公园并杀死动物，导致每年产生数百亿美元的非法野生动物贸易。无人机可以作为“高科技护林员”，在广阔的土地上巡逻，拦截偷猎团伙。无人机的飞行轨迹并不是随机的，一切都是基于模型分析和大量数据分析，其中包括以往的偷猎事件、带有脚踝跟踪器的犀牛运动痕迹以及天气等因素。

图 2-2-21 反偷猎无人机航拍装置

虽然偷猎大象和犀牛可能是野生动物犯罪最明显的问题，但值得注意的是，无人机也有助于跟踪非法捕鱼，这种行为会消耗资源、灭绝物种并影响整个生态系统。

3．军事应用领域的发展

（1）美国空军“全球鹰”无人机

2019 年 3 月 8 日报道，美国空军在阿联酋的扎弗拉空军基地实现了独立操控 MQ-4“全球鹰”无人机执行飞行任务，如图 2-2-22 所示。以前这种无人机在阿联酋基地飞行需要与其他基地协调，而现在从外场维护、起降、飞行到卫星通信都不需要依赖其他基地，也无需返回美国本土寻求支持，从而大大缩短了执行任务的时间。

（2）荷兰的排雷无人机

联合国估计，在 70 个国家的前战区仍埋有多达 1.1 亿枚有效地雷。这种隐形杀手每年导致 15 000 ～ 20 000 人丧生，并使更多人致残。位于荷兰艾恩德霍芬的一家设计公司研制了用于探测和销毁地雷的排雷无人机，如图 2-2-23 所示。通过人工遥控，这款无人机可以发现并引爆指定区域内的地雷。

图 2-2-22 “全球鹰”无人机

图 2-2-23 哈桑尼兄弟发明的排雷无人机

4．其他应用领域的发展

（1）无人机监控极地冰川融化

在北极，无人机对研究气候变化做出了重大贡献。它们可以前往冰层以下，达到破冰船和载人飞机无法涉足的地方。伍兹霍尔海洋研究所的科学家正在使用改进后的气象无人机对阿拉斯加州巴罗附近的极地冰川进行监控，如图 2-2-24 所示。

（2）医疗救助

当那些生活在连救护车都很难进入的农村地区的人们需要医疗照顾时，该如何帮助他们？最快捷的办法就是使用自主医疗无人机。

2016 年，美国高科技公司 Lung Biotechnology PBC 获得了 1000 架可以载人的 EHang 无人机，用于其人造器官运输车辆系统（MOTH），如图 2-2-25 所示。这项合作允许 Lung Biotechnology 每天向有需要的人提供数以百计的器官。一款类似的无人机被称为“天使无人机”，可以向澳大利亚内陆的人们运送血液和器官。无人机可以提供比传统救护车更快的应急救援，甚至可以通过绘制有疾病传播的社区地图帮助消灭东南亚的疟疾。

图 2-2-24　无人机监控极地冰川融化

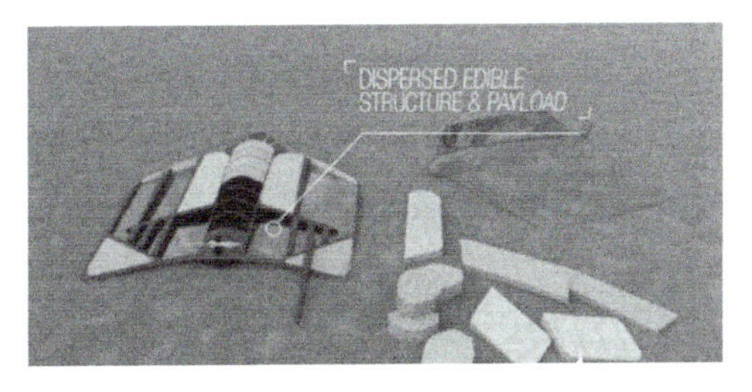

图 2-2-25　无人机进行医疗救助

“任务分析”中的无人机灭火就是利用了无人机航拍的原理，并结合了无人机的其他“功能”（包括携带一些装有特别化学物质的球状物，这种特殊的球状物中的化学物质将快速燃烧并消耗完区域内的氧气，从而达到以火灭火的目的，同时更安全、成本更低）。无人机航拍应用越来越造福人类，更多更高端的应用日益出现，给人们的生活、工作带来便利。

必备知识

1）穿戴式无人机 Nixie 工作原理：该无人机配备一个摄像头，可以实现飞行、拍照、录像等多种功能，随时随地记录不同场景。

2）ABI Zero 无人机室内检测工作原理：Vtrus 公司利用计算机视觉技术 SLAM（同时定位和绘图），使无人机 ABI Zero 能够构建出周围环境的高保真地图。SLAM 软件能够以每秒 30 次的频率跟踪由一系列摄像头和传感器完成捕捉的 30 万个深度点。

3）亚马逊 Prime Air 工作原理：即利用无线电遥控设备和自备的程序控制装置操纵的无人驾驶的低空飞行器运载包裹、自动送达目的地，其优点主要在于解决偏远地区的配送问题，提高配送效率，同时降低人力成本。

4）“全球鹰”无人机工作原理：利用卫星通信作为超视距（BLOS）控制技术，实现全球探测。

5）排雷无人机工作原理：它配备6个旋翼和可互换的机器人延伸臂，可加载高分辨率摄像头与金属探测器，还能抓取雷管。

实践强化

图 2-2-26 国外一名自然爱好者用无人机航拍的“黑洞”照片

近段时间比较热门的一个话题是人类首张“黑洞”照片的出现，其实在2017年时，国外一位自然爱好者，在美国伯耶萨湖操作无人机时，他拍摄到了地球上的“黑洞”——荣耀洞，如图2-2-26所示。水冲向一个看起来在湖中央的黑洞，被一种力全速拉入其中，当无人机飞得越来越低靠近咆哮的巨大洞口时，突然无人机开始被拖入，靠着飞行控制挣扎了一段时间，无人机才在强大的拉力下幸存下来。该照片的出现让“黑洞”话题再次热闹起来。试问这样的照片是用什么拍摄的？在学习了以上无人机航拍应用和发展先进案例后，大家觉得无人机航拍可以有哪些发展方向？结合可能从事的专业，谈谈无人机航拍将会有哪些令人激动的发展趋势？

项目评价

本项目主要就国内外无人机航拍的一些典型应用案例进行了介绍，列出了无人机航拍的不同应用领域，分析了相应的工作原理，并对无人机航拍的应用前景进行了简单的展望，与读者一起分享现代科技发展下的无人机新技术、新方法、新天地，从而增强无人机航拍学习的自信与兴趣，提高对无人机航拍应用的认识，让无人机航拍这门技术能真正应用到实际生活中。

本项目的学习已经全部完成，大家给自己的学习打个分吧，同时登记小组评分和教师评分，最后按自我评分30%，小组评分30%，教师评分40%的比例计算合计得分。

小组评分和教师评分时不光要考虑任务完成情况，还要综合考虑其小组的合作、沟通能力，工作态度等职业素养。

任务名称	评分内容	分值	自评分	小组评分	教师评分	学习体会
无人机航拍的发展应用	无人机航拍的应用	50				
	无人机航拍的发展趋势	50				
合计得分：						

实战强化

试结合所从事（学习）的不同专业，通过不同的方法（传媒手段）搜集身边的无人机应用案例，并简单谈谈其工作原理及一些使用中的注意事项。再搜索最新出台的国家及各地方无人机政策法规，为无人机学习“保驾护航”。

单元检测

1. 2017 年 5 月 16 日，中国民用航空局航空器适航审定司下发的《民用无人驾驶航空器实名制登记管理制定》提出，2017 年 6 月 1 日起，最大起飞重量为 ________ 的民用无人机要进行实名登记。

2. ________ ，指的是专门分配给无人驾驶航空器系统运行的空域，通过限制其他航空器的进入以规避碰撞风险。

3. 地图测绘、地质勘测、灾害监测、气象探测、空中交通管制、边境巡逻监控、通信中继、农药喷洒等都是 ________ 可以做到的。

4. ________ 工作原理：利用卫星通信作为超视距（BLOS）控制技术，实现全球探测。

5. 简述影视剧航拍工作的原理。

单元小结

本单元从无人机飞行的常识——安全规范与发展应用两大角度展开学习，通过学习，让读者掌握无人机飞行的基本法律法规，尽量避免犯错误。同时通过国内外不同无人机航拍的典型应用案例，让读者关注与喜爱无人机航拍，了解更多的无人机航拍的应用领域及以后可能的发展方向，树立起无人机航拍的信心与信念，让无人机航拍这一技术为人们的生活增光添彩。

第3单元

无人机拍摄实例分析

单元概述

本单元将学习无人机拍摄的拍摄手法，掌握一些无人机镜头拍摄的叙事方式。

通过项目1中的《南澳岛无人机航拍》的学习，了解无人机拍摄的基本知识，通过对《航拍中国》的无人机航拍镜头分析，深入学习无人机拍摄镜头的叙事技巧。

通过项目2中无人机拍摄的专题实例，如《新式田园生活－永幕堂》的古建筑拍摄，了解该如何去构思建筑的航拍。

学习目标

通过本单元的学习，将了解和掌握无人机航拍的拍摄手法，即飞行镜头拍摄、鸟瞰镜头、垂直镜头、半环绕镜头，同时要掌握镜头顺序对视觉语言含义表达的重要作用，能从专业角度分析无人机航拍。

项目 1 风景宣传片航拍实例

项目描述

风景形象宣传片的基本要素是凝练城市的独特人文、准确表达城市的差异化定位、形成对风景项目理念的单一诉求，要在最短的视频时间内展示最多的内容，这就要求摄影师利用一切拍摄手法去有效地拍摄好画面，而无人机航拍成为众多摄影师的拍摄法宝。本项目将通过对风景宣传片的航拍分析，加深对航拍拍摄手法的理解。

任务 1《南澳岛无人机航拍》分析

任务分析

航拍风景，是无人机拍摄的重要部分，地球上有很多美丽的风景，当人们身处其中欣赏这些美丽的景色时，常常为这些美景所震撼，然而当从不同角度去欣赏这些美景时，又会是不一样的心情，摄影师是如何从高空航拍风景呢，在这里就来进行拍摄分析。

任务实施

《南澳岛无人机航拍》项目是飞先科技有限公司拍摄的风景航拍项目，该片时长 4 分 59 秒，通过航拍镜头介绍了南澳岛的风光。通过对该片的分析，可以初步学习风景航拍的拍摄方式。

步骤1　开头部分的拍摄。

在开头部分，基本都是由无人机航拍镜头完成，具有飞行镜头、鸟瞰镜头、垂直镜头、半环绕镜头等。

飞行镜头，类似于快速平移拍摄，通过从后面离开物体，将一个场景与另一个场景相接。

鸟瞰镜头，从很高的地方用无人机进行拍摄，以抽象的方式展现场景或者表现尺度的一种很好的方法，拍摄技巧为将无人机镜头垂直向下，同时操作无人机的高度降低，拍摄出漂亮的镜头画面。

垂直镜头，在三维空间中被习惯性叫作 Z 轴运动，如图 3-1-1 所示。垂直镜头具体表现为 3 个状态：上升，悬停和下降。垂直镜头的 Z 轴运动可以产生更大的视觉跨度，它的跃升动作一方面可以看得更辽阔、更遥远，是一种情绪的升华，同时也容易将观众“带入”故事。飞行器垂直运动 + 云台俯仰运动的速度达到某种平衡之后将产生垂直方向上的“环绕运动”，可以营造出深邃的空间感。

半环绕镜头，是在场景中展现拍摄对象的一种较好的方式，具有动态、主动和扫略的感觉，操作技巧为在拍摄对象的一侧开始拍摄，确保画面没有问题，当从旁边穿过拍摄对象时，进行偏航操控，始终保持拍摄对象处于画面中，结束后飞离拍摄对象，如图 3-1-2 所示。

图 3-1-1　无人机航拍垂直镜头

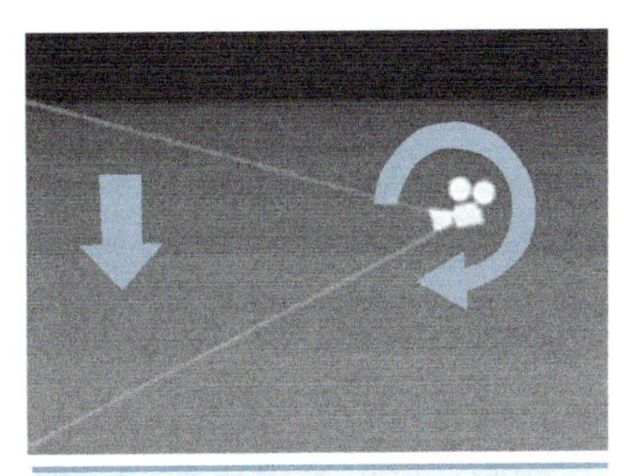

图 3-1-2　无人机航拍半环绕镜头

步骤2　具体内容的拍摄

航拍镜头手法分析见表 3-1-1。

表 3-1-1　航拍镜头手法分析

镜号	航拍镜头	航拍手法
1		展现镜头：以向前逐渐展现的拍摄方式，拍摄技巧为操作无人机向前飞行，保持稳定，同时慢慢地将无人机向上倾斜，展现拍摄对象
2		飞行穿越拍摄：使用这个拍摄方式来拍摄的画面难度较高，但是效果特别好，主要作用为展现场景。技巧为操作无人机径直穿过障碍物之间的缝隙或者洞口，同时无人机的摄像镜头指向前方。“第一人称视角”就是这样的拍摄方式
3		平移镜头：水平移动镜头，展示风景。技巧为平移的速度逐渐降下来，保持平稳地结束
4		升降拍摄：通过逐渐上升的镜头，把观众带入场景，具有史诗般的画面效果。技巧为慢慢地向上移动，它已经成为一种重要的拍摄方式

小技巧

在拍摄时限制一下速度、灯光。新手一定要先在APP上进行些限制设置，飞行速度要限制、操作敏感度要调低、云台俯仰要调慢。飞行速度太快螺旋桨容易穿帮，转向的速度太快或是云台俯仰的速度太快容易模糊。在夜间拍摄时还要关闭导航灯以避免光污染。

必备知识

1. 无人机在城市拍摄的限制

根据《无人驾驶航空器飞行管理暂行条例（征求意见稿）》：

第二十七条 未经批准，微型无人机禁止在以下空域飞行：

（一）真高50米以上空域；

（二）空中禁区以及周边2000米范围；

（三）空中危险区以及周边1000米范围；

（四）机场、临时起降点围界内以及周边2000米范围的上方；

（五）国界线、边境线到我方一侧2000米范围的上方；

（六）军事禁区以及周边500米范围的上方，军事管理区、设区的市级（含）以上党政机关、监管场所以及周边100米范围的上方；

（七）射电天文台以及周边3000米范围的上方，卫星地面站（含测控、测距、接收、导航站）等需要电磁环境特殊保护的设施以及周边1000米范围的上方，气象雷达站以及周边500米范围的上方；

（八）生产、储存易燃易爆危险品的大型企业和储备可燃重要物资的大型仓库、基地以及周边100米范围的上方，发电厂、变电站、加油站和大型车站、码头、港口、大型活动现场以及周边50米范围的上方，高速铁路以及两侧100米范围的上方，普通铁路和省级以上公路以及两侧50米范围的上方；

（九）军航超低空飞行空域。

上述微型无人机禁止飞行空域由省级人民政府会同战区确定具体范围，由设区的市级人民政府设置警示标志或者公开相应范围。警示标志设计，由国务院民用航空主管部门负责。

2. 在纪录片中使用航拍的思路分析

1）查看拍摄环境，最好实际查看，确定空域的安全性。同时，每一次拍摄注意有效镜头，从开机到结束都要保持镜头的有效性，而不是在开机后还找不到拍摄的主体。另外，开始拍摄和结束后留5s左右时间，方便后期转场。

2）拍摄注意主体，明确主体的重要性。拍摄时用大景，表现大环境；可以由近及远，由下到上；用中景，近景、远景来展示主体。表现手法可以使用环绕，以一个主体环绕两圈的手法拍摄。

3）其他的拍摄方式应用，如正摄、斜俯摄被称为“上帝视角”，而斜俯摄也是人们最舒服的视角之一，就像环绕一样，顺时针转总是感觉很舒服的。在表现手法上，除了一些基本的构图外，多用些创新的手法拍摄，如正摄时由下到上加上旋转或环绕上升等方法慢慢找到主体等，多飞多拍，拍摄大范围延时或者全景。

实战强化

请根据相关知识，尝试把一部电影中的航拍镜头都截取出来，分析航拍镜头与影片的关系。

任务2 《航拍中国》的叙事技巧

任务分析

《航拍中国》里的动植物、景象、人类故事等本身是不能与观众构成交流的，无人机航拍通过叙事视角，实现了景象与观众的沟通感，使纪录片具有了镜头之外的意义表达，本任务就以《航拍中国》为例，具体来看无人机航拍叙事的技巧。

任务实施

《航拍中国》（见图3-1-3）全方位地展现了中华大地的绝美景观，它每个镜头的筛选、斟酌、拼接、组合，都展现了大自然的鬼斧神工，航拍这种纪实的拍摄手法是纯天然、无添加的把自然景象以最真实、最自然的状态呈现在了人们面前，同时又通过这些镜头完成了纪录片的叙事。

图3-1-3 《航拍中国》

正如开篇解说词所说的：“当你像鸟儿一样离开地面，冲上云霄，前往平时无法到达的空中，你会看见专属于空中的奇观。”航拍，会带给观众一种全新的感受，像鸟儿一样自由翱翔，一层一层揭开大地的面纱，从另一个角度去了解中国，同时它的叙事也会让人们了解中国。

汉中油菜花的航拍叙事（见图 3-1-4），会让人们对这片朝夕相处的土地自然流露出别样的感情。垂直俯拍构图有利于记录宽广的场面，表现宏伟的气势，有着明显的纵深效果和丰富的景物层次。

图 3-1-4 垂直俯拍

航拍镜头在拍摄动物时也会叙事，片中“彩色熊猫”（见图 3-1-5）的这组航拍镜头就很好地进行了叙事，在垂直俯拍下，摄像机寻找到了这一只人类的宠儿，它扭动着身姿渐渐向前移动，时而嬉戏打闹、时而仰卧、时而抱着竹笋大口咀嚼起来，尽显“国宝”的可爱。

图 3-1-5 “彩色熊猫”成组镜头的叙事

还有东北虎的那一组镜头（见图 3-1-6），当无人机接近它们时，它们把无人机当成了假想敌，并用目光一路追随，最后它们还是忍不住扑了过来，在追赶的过程中，片子的叙事更加真实生动。

图 3-1-6 东北虎成组镜头的叙事

还有一些航拍镜头的成组叙事，如著名的亚欧国际论坛举办地海南博鳌、新建成的三沙市全貌、中国大型客机 C919 建造地、浦东新区一步步刷新城市的新高度的金融大厦、文昌的火箭发射中心、海南环岛高铁、观测宇宙的天马望远镜、新疆巴扎的贸易地带、美丽的生态湿地、恐龙家园、一年一度的龙舟赛、疍家人的水上民居、霓虹灯闪烁的繁华城市街道、黑龙江冰上世界的狂欢……这些航拍镜头的叙事意义，在纪录片语境里就是中国人力量与勇气的展现，镜头所到之处，无不体现着我国日渐增强的综合国力，体现着深刻的爱国情怀和国人的家国之思。

在航拍叙事中，要注意叙事空间的运用，其实《航拍中国》的每一集就是一个大型的叙事空间（见图 3-1-7），在每个大空间范围里又包含了众多小空间，从巍峨延绵的山脉到广袤的草原，从荒芜的沙漠地带到纷繁热闹的城市街道，从寒冷的北国边疆到热情洋溢的温暖海岛，从人类生活场景到丰富多彩的动物世界……种种地理空间的切换能让观众在短时间内感受到不同地域特色的景观，满足了不同观众的审美需求，叙事空间与叙事时间的巧妙搭配创造出了丰富的影像含义。

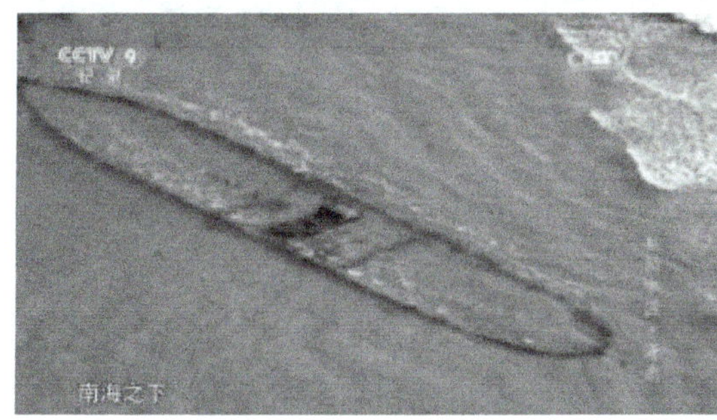

图 3-1-7　镜头的叙事

《航拍中国》的总导演余乐曾在采访中说道：“航拍是一种叙事的手段而不是目的，起飞是为了给观点与诉求寻求一个新的落脚点，如果仅仅是检阅风景的风光片，是没有人要看的。”作为一部自然人文类的航拍纪录片，总导演将影片的诉求定义为“展现人与自然环境的关系，也就是所谓的一方水土养一方人”，这正是航拍镜头叙事的真正意义。

必备知识

1．镜头的叙事功能

镜头的叙事是一种独特的语言结构形态，这种由镜头结构而组成的视觉表意形式有以下几个特点：1）单个镜头往往不具有完整的叙事功能，完整的意思是由镜头组接后产生的。2）镜头顺序对视觉语言含义的表达也有重要作用。同样的镜头，不同的组接顺序，传达了不同的含义，为了清楚地表达某种意思，就要根据一定的因果关系对镜头加以整理。3）镜头语言的视觉表意特点还表现在它对时空的处理上。如电视片《深山养路工》中火车行驶，车上的旅客安静地休息，婴儿在母亲的怀里吮吸乳汁……车外大雾弥漫，养路工正在线路上巡视，车上、车下反复分切组合，体现了深山养路工用自己的辛勤劳动换来大家幸福的这种崇高精神。所以把不同时空成分的镜头根据统一的逻辑关系加以组合，可以构成一个有意义的整体。

2．线条透视在航拍基本常识中的改动

空中拍摄时，要留心线条的透视规矩和画面线形的远近、粗细、线条的散漫与聚集跟着飞机的高低改动而改动的情况。因此，拍摄时依据光线的不同而改动，借助于现象线条透视原理，使画面具有纵深感和空间感。从空中拍摄一般选用侧逆光，在线条的运用上竖线条较多，这是由于竖线可以给人一种气势大、坚实、庄重、挺立的感触，并会使被摄体发出剧烈的冲击力。

实战强化

请根据相关知识，尝试对比两部无人机拍摄的纪录片，感受航拍的叙事语言，并做好镜头分析。

项目评价表

本项目的学习已经全部完成，大家给自己的学习打个分吧，同时登记小组评分和教师评分，最后按自我评分 30%，小组评分 30%，教师评分 40% 的比例计算合计得分。

小组评分和教师评分时不光要考虑任务完成情况，还要综合考虑其小组的合作、沟通能力，工作态度等职业素养。

任务名称	评分内容	分值	自评分	小组评分	教师评分	学习体会
《南澳岛无人机航拍》分析	了解无人机航拍方式	25				
	无人机拍摄手法分析	25				
《航拍中国》的叙事技巧	了解无人机航拍的叙事功能	25				
	熟悉无人机航拍的叙事空间	25				
合计得分：						

项目 2　建筑航拍实例分析

项目描述

建筑航拍是无人机航拍的重要领域，因此在具体学习之前，有必要深入分析和了解一些相关的拍摄实例。在进行航拍之前，首先要确定的是要拍摄的主体建筑是什么，了解所拍主体的形态、构造、风格、特色、周边环境等，同时针对不同的建筑风格及建筑特点选择不同的拍摄方式来表现。

任务 1　古建筑航拍实例

任务分析

在正式拍摄建筑物之前，首先需要确定的是拍摄主体，拍摄主体可能是单一建筑也可能是建筑群，同时要注意，古建筑航拍摄影中经常用的一个拍摄方式是对建筑物的定点绕飞。有时候航拍器会飞到建筑物的背面，这时只能凭借监视器画面来判断飞机位置，但经常会因为看不到镜头以外的障碍物而发生危险。

任务实施

《新式田园生活——永幕堂》拍摄的是雅金村的一个建筑，如图 3-2-1 所示。在确定主体之后还需要考虑视频本身的风格与调性，案例中拍摄的是一部关于传统建筑的改造项目，提出的是一种慢生活方式，所以整部片子不需要太多的快速运动以及多向运动镜头，采用垂直镜头拍摄即可。

图 3-2-1　《新式田园生活——永幕堂》（金华森空文化）

老式建筑更多采用方正式建筑模式、四合院式的结构，材料上偏向传统的砖瓦式，在拍摄时应避免正午拍摄，因白墙与黑瓦很容易造成光比过大而导致细节的丢失。除去常规拍摄外更适合采用垂直式拍摄方式来体现建筑结构。

通过建筑风格以及特点分析最终确定以垂直角度从下往上拉伸拍摄的形式来展示建筑的空间性以及建筑的结构，如图 3-2-2 所示。

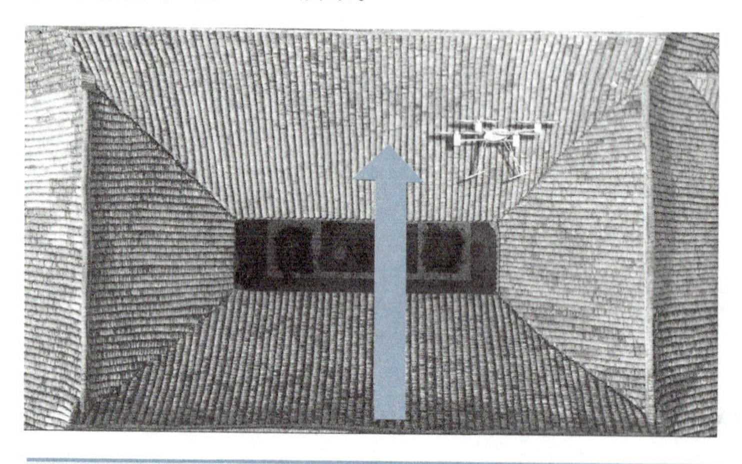

图 3-2-2　拉伸拍摄

必备知识

1．成组镜头

镜头是组成整部影片的基本单位。若干个镜头构成一个段落或场面，若干个段落或场面构成一部影片。因此，镜头也是构成视觉语言的基本单位，它是叙事和表意的基础。在影视作品的前期拍摄中，镜头是指摄像机从启动到静止期间不间断摄取的画面总和；在后期编辑时，镜头是两个剪辑点间的一组画面；在完成片中，一个镜头是指从前一个光学转换到后一个光学转换之间的完整片段。

2．画面镜头组接

画面镜头组接，就是将电影或者电视里面单独的画面有逻辑、有构思、有意识、有创意和有规律地连贯在一起。一部影片是由许多镜头合乎逻辑地、有节奏地组接在一起，从而阐释或叙述某件事情的发生和发展的技巧。当然在电影和电视的组接过程中还有很多专业的术语，如“电影蒙太奇手法”，画面组接的一般规律有动接动，静接静，声画统一等。

在镜头组接过程中，最重要的是连续性。应注意以下 3 个方面的问题：

1）关于动作的衔接。应注意流畅，不要让人感到有打结或跳跃的痕迹出现。因此，要选好剪接点，特别是导演在拍摄时要为后期的剪辑预留下剪接点，以利于后期制作。

2）关于情绪的衔接。应注意把情绪镜头留足，可以把镜头尺数（时间）适当放长一些。有些以抒情见长的影片，其中不少表现情绪的镜头结尾处都留得比较长，既保持了画面内情绪的余韵，又给观众留下了品味情绪的余地和空间。

情绪既表现在人物的喜、怒、哀、乐的情绪世界里，也表现在景物的色调、光感以及其面貌上，所以情与景是互为感应和相互影响的。古人云："人有悲欢离合，月有阴晴圆缺"，其内涵就是以情与景作对比。因此，对情与景的镜头组接，应充分注意。要善于利用以景传情和以景衬情的镜头衔接的技巧。

3）关于节奏的衔接。动作与节奏联系最为紧密，特别是在追逐场面、打斗场面、枪战场面中，节奏表现得最为突出。这类场面动作速度快，节奏强，因而适合用短镜头。有时只用二、三格连续交叉的剪接，即可获得一种让人眼花缭乱、目不暇接、速度快、节奏强的艺术效果，给人一种紧张热烈的感觉。

3. 航拍镜头运动轨迹

在拍摄航拍镜头时需要特别注意的一点是拍摄主体，在运用航拍时一定要跳出操控飞机这个概念，更多地去理解镜头语言以及运动轨迹。运动轨迹中又分为单轴运动与多轴运动，请根据实际情况选择飞行器的拍摄轨迹。

4. 稳

飞行器拍摄的稳不是指飞行器停在空中的稳，而是一个稳定的运动方式，除去特殊的画面要求，大部分的画面拍摄内容追求的都应该是匀速的运动拍摄。

实战强化

分析家乡宣传片中的航拍镜头，不少于 800 字。

任务 2　城市景观航拍实例分析

任务分析

城市景观建筑作为一个集多种功能于一身的复合名词，既有建筑层面的含义，又对城市规划以及城市设计产生了很重要的影响，更加重要的是城市景观建筑已经融入了人们的日常生活与情感生活中，成为一座城市不可忽视的重要因素。通过对上海城市景观建筑航拍的实例分析，感受航拍对城市景观建筑的拍摄意义。

任务实施

传统拍摄，站在地面的人要进行城市景观建筑的拍摄，不仅工作量巨大，还要考虑视觉系统的高度和广度，受到设备、距离、视角等因素的影响，很多时候不能清晰地看到大型建筑或场景的全貌，因此航拍对于城市景观建筑的拍摄有着突破性作用。

下面就以上海城市景观的航拍为例，具体分析航拍镜头中的城市建筑展示。《航拍中国——上海》的航拍镜头手法分析见表 3-2-1。

表 3-2-1　航拍镜头手法分析

镜号	航拍镜头	航拍手法
1		推轨航拍 通过苏州河，带出沿岸的城市建筑
2		高平移航拍 旅途从黄浦江的终点开启，沿江而上，遇见上海第一条不同凡响的“天际线”，其中建筑林立，城市繁华感跃然在画面上
3		推轨航拍 探寻上海最早的工业“基因”，寻找传统行业的标杆
4		平移航拍 在建筑室内观赏中国的超级工程

在看这些航拍实例的过程中，会感受到两个建筑场景之间镜头转换的不同风格，镜头的转换方式能直接影响到纪录片的品质，可以考虑以下几个方面：

1）节点的分析和寻找。当需要衔接的下一个场景有部分元素在目前场景的画面中时，以这个相同元素为连接点进行转场。两个场景中的高楼是同一个，于是可以将镜头快速拉近聚焦到图中的高楼，以它为转接点放大，非常自然地转入到了下一个场景。城市景观建筑航拍中很多高大的建筑都会出现在不同的场景中，这也正是场景衔接值得利用的一个优势。

2）画面的大小缩放。通过水平方向上由远及近或由近及远的缩放，以及垂直方向上的由上至下或由下至上的缩放，来连接不同场景，营造出纵深的空间感，如垂直、水平方向的空间感。

3）画面的中心旋转。当两个景观建筑相距较近的时候，可以在拍摄时就使用直接旋转镜头的方式，转到下一个场景的方向，再进行放大。

4）画面的流畅拍摄。在使用无人机进行航拍的时候，可以充分利用无人机本身灵活机动的优势，让无人机穿梭于高大的建筑对象之间，在移动中完成转场。

必备知识

1．城市景观建筑拍摄的技巧

1）用无人机俯拍大场景。无人机航拍有利于表现建筑的空间、层次以及建筑与环境的关系，场景非常宏大。由于建筑物具有不可移动性，所选择的拍摄位置对于画面效果的表现有着很大的影响。

2）发掘线条中的形式美。以对称构图将线条优美的桥梁安排在前景中，不但增强了画面的线条美和层次感，并且能够很好地起到集中观众视线的作用。

拍摄建筑要注意观察和发掘线条的韵律和美感。在构图中应尽可能充分地利用线条的形式美，增强画面的纵深感，突出被摄主体，从而提高画面的艺术感染力。

3）用前景增加视觉趣味。拍摄建筑时，想要避免画面表现过于直白，最佳的方式是用前景衬托主题。可以围绕建筑四周走走，把树木、花草、雕塑等纳入前景。不但能够丰富画面的视觉效果，还能起到平衡画面、突出主体的作用。例如，以富有季节性的花草树木做前景，可以渲染季节气氛，这样的前景对主题是有力的烘托。

4）用剪影强化建筑的轮廓。日出、日落的光影和色彩能够很好地渲染画面气氛，轮廓鲜明的剪影让画面显得简洁而有力度。还可以用剪影方式拍摄建筑以突出建筑的轮廓和线条。选择日出、日落的时段，针对天空亮度均匀的区域测光，然后锁定曝光值重新构图拍摄。日出、日落的光影和色彩能够很好地渲染画面气氛，轮廓鲜明的剪影让画面显得简洁而有力度。

2．城市景观建筑航拍取景

城市景观建筑航拍取景应特别注意避开与主题无关的邻近建筑、电线、广告牌等物的干扰，寻找能充分表现建筑的拍摄点，以获得满意的构图效果。有时为了突出主题，取景构图时也可故意把航拍视角变大，把其他建筑作为陪衬拍进画面，在拍摄建筑群时，高视点取景能较好地表现建筑群的空间层次感。

实战强化

寻找城市的景观建筑物，并尝试设计该如何用航拍镜头进行拍摄。

项目评价表

本项目的学习已经全部完成，大家给自己的学习打个分吧，同时登记小组评分和教师评分，最后按自我评分 30%，小组评分 30%，教师评分 40% 的比例计算合计得分。

小组评分和教师评分时不光要考虑任务完成情况，还要综合考虑其小组的合作、沟通能力，工作态度等职业素养。

任务名称	评分内容	分值	自评分	小组评分	教师评分	学习体会
古建筑航拍实例	理解古建筑航拍的拍摄内容	25				
	风景航拍成组镜头的拍摄方法	25				
城市景观航拍实例分析	城市景观航拍的方法	25				
	镜头组接技巧	25				
合计得分：						

单元检测

1. 无人机航拍镜头可以完成的镜头有（　　）。

   A. 飞行镜头拍摄　B. 鸟瞰镜头　　C. 垂直镜头　　D. 半环绕镜头

2. 在纪录片中的航拍思路有（　　）。

   A. 查看拍摄环境　B. 拍摄注意主体　　C. 其他的拍摄方式应用

3. 两个建筑场景之间的镜头转换需要考虑（　　）。

   A. 节点的分析和寻找　　　　B. 画面的大小缩放

   C. 画面的中心旋转　　　　　D. 画面的流畅拍摄

4. 无人机航拍，有利于表现建筑的______、______以及建筑与______的关系，场景非常宏大。

5. 城市景观建筑航拍取景应特别注意避开与主题无关的_____、_____、____等物的干扰。

单元小结

本单元介绍了无人机拍摄的纪录片实例，通过对实例的分析来了解航拍的一些手法，懂得如何去分析纪录片中的航拍镜头及它所表达的叙事意义。值得注意的是航拍镜头需重新协调人与景的关系，形成新的逻辑线索，创建新的剪辑维度。在通常概念中，航拍只能展现物体的全貌，只能拍远景、大全景。无人机航拍的出现，为一镜到底的景别变化方面创造了可能。航拍较好地展现了点和面、人与景之间的关系，提升和渲染了观众的情绪。

第4单元

无人机拍摄的摄影技巧

单元概述

无人机航拍摄影是以无人机作为空中平台，通过机载遥感设备按照一定的精度要求制作成的图像摄影，是集成了高空拍摄、遥控、遥测技术、视频影像微波传输和计算机影像信息处理的新型应用技术，本单元将学习无人机拍摄的摄影技巧。

通过项目1中无人机拍摄的构图和无人机摄影接片技术的学习，了解无人机摄影的基本知识，并能制作出一张航拍摄影照片。通过项目2中AR建模中的无人机应用和3D校园全景漫游中的无人机技术应用的学习，开阔无人机应用的视野，学习无人机技术在虚拟现实中的应用。

学习目标

通过本单元的学习，将了解如何实现风景中的无人机航拍技巧，提升无人机摄像航拍的构图能力，并掌握无人机接片的方法；了解无人机航拍的前沿应用，如AR建模和3D校园全景漫游技术的实现。

项目1　风景中的航拍摄影技巧

项目描述

随着无人机拍摄的兴起，可以越来越多地看到朋友圈或者各种网站上人们晒出的无人机风景照片。要拍摄出好的航拍作品，就需要在风景中的航拍摄影过程中掌握恰当的构图方式、独特的题材以及正确的拍摄技巧等，去寻找有意思的拍摄主题和意境。

任务1　无人机拍摄的构图

扫码看视频

任务分析

对于风景摄影来说，在使用无人机拍摄时保持一个较大的动态范围是很重要的。在实施过程中，尤其要注意对感光度的考虑，无人机是在高空中进行拍摄的，因此要注意到天空的光线是比地面上的光线要亮很多，在开始拍摄时，就应该设置好参数，处理好高光与阴影部分的平衡，并学会基本的无人机拍摄手法。

任务实施

在风光摄影中，仔细观看可以发现人工建造的建筑往往具有标准化而规律的外形，常常具有标准的直线轮廓，利用对角线构图非常理想，如图 4-1-1 所示。

图 4-1-1 《谧雪智者寺》摄影：叶颀（金华）

对角线构图，简单来说就是将主体沿画面的对角线方向展布。对角线构图的优势主要有两点：第一，对角线构图的视觉引导线，从画面一角延伸向对角，能有效引领观众视线“走”遍整个画面，汇聚视线的能力很强。第二，对角线是倾斜的、不稳定的，画面充满了动感。

此外，道路、桥、栏杆等景物具有线性延伸的趋势，能拍摄出最标准化的对角线构图，有效地吸引目光，如图 4-1-2 所示。这里需要注意的是，在冬日飞行前，务必将电池充满电，保证电池处于高电压状态；将电池充分预热至 20℃以上，降低电池内阻。建议使用电池预热器对电池进行预热；起飞后保持飞机悬停 1min 左右，让电池利用内部发热，让自身充分预热，降低电池内阻。

图 4-1-2 《跨海大桥》摄影：宁波航拍协会

如果是初学者，一定要注意较大面积水域的拍摄，一定要意识到要想航拍出好的作品，首先要做到安全，不要逞能。在日常飞行中要远离遮挡物、金属建筑、雷达与通信基站，因为这种地方容易干扰无人机的导航信号，而导致无人机“炸机”（坠毁）。

垂直俯拍构图有利于记录宽广的场面，表现宏伟气势，有着明显的纵深效果和丰富的景物层次，因此垂直俯拍也是无人机航拍摄影的较为常见且重要的构图方法之一，如图 4-1-3 所示。

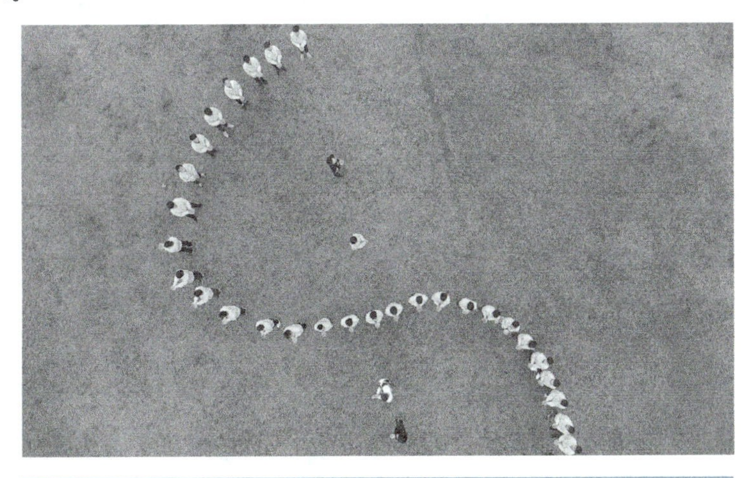

图 4-1-3 《造型航拍》摄影：黄佳（金华）

垂直俯拍就是要选择一个比主体更高的拍摄位置，主体所在平面与摄影者所在平面形成一个相对大的夹角。俯角度构图法拍摄地点的高度较高，拍出的照片视角大，画面的透视感可以很好体现，画面有纵深感、层次感。

必备知识

1．风景航拍小技巧

1）多维度拍摄。拍摄过程中为了还原三维立体感的风景画面，可以采用多维度拍摄的方法。在多种角度飞行的同时加入云台的移动，可以尝试侧拍，增添更多新鲜感和震慑力。这项操作在双控的飞行拍摄中比较容易完成，单控的话要使用到固定航向或固定航点的功能来简化飞行器的操作，且要多加练习。

2）场景视差。在拍摄时可以飞跃树木或建筑的阻挡，让场景的景深突然加大，达到前后场景巨大反差的震撼。让无人机无限贴近障碍物飞行，镜头产生强烈的压迫感，然后缓慢地上升，使观众有一种豁然开朗的感觉。

3）拍摄稳定的长镜头。调整好位置，让镜头越长越稳越好，拍摄之前确认时间，多进行 10s 的拍摄，这样会拥有更多的可选择空间。

2．优秀摄影作品鉴赏

航拍摄影常用的一个角度就是垂直拍摄，这种拍摄方式对摄影的构图有一定的要求，即构图必须简洁大方，可以尝试用九宫格或者三分构图法来实现简洁大方。通常垂直航拍手法用得较多的风景为海岸、梯田等，因为这些风景的元素里都具有明显的纹理或是颜色对比鲜明的特点，非常适合用垂直航拍的手法来拍摄。优秀的摄影作品能很好地展示如何拍好垂直视角的航拍作品，如图 4-1-4 和图 4-1-5 所示。

图 4-1-4　优秀摄影作品鉴赏 1

这幅作品通过悬崖和海面两个部分的对比，意图加深画面的空间感，同时用无人机航拍进行垂直拍摄，利用画面构图，让悬崖占据画面的右下角，海面占据左下角，将摄影作品的纵深感进行了延展。

图 4-1-5　优秀摄影作品鉴赏 2

这幅作品，使用无人机垂直拍摄，完美地将地面和水面进行了构图，小船沿着水面一字摆开，大部分的画面留给了宁静的水面，呈现出简约风的构图效果，水面和地面还与多色彩的小船相结合，保持画面的平衡。

实战强化

拍摄一张对角线构图或者垂直俯拍构图的无人机摄影图片，并和同学们展开讨论。

任务 2　无人机摄影接片技术

任务分析

在拍摄宽阔的大场面时，由于画面信息容量大，必须采用广角、超广角镜头拍摄，这种拍摄方法往往伴随着四角发暗、边缘汇聚变形、细节不清、画面上下方向空域过多的弊病。无人机摄影图片也存在这样的问题，以现在航拍器的镜头能力，并不能达到类似单反相机的高像素照片，因此在制作海报、喷绘等广告产品时会产生像素不足的情况。这时，采用接片拍摄是一个简便易行的好方法。只要是同一个景别，离被摄景物更近取景，并将各个角度都拍摄进来，最终用后期接片的形式产生作品，可以很好地解决像素不足的问题，而且在照片视觉感受方面往往也能起到神奇的效果。

任务实施

本任务以雅丹地貌摄影作品为例，来具体分析无人机摄影接片的具体操作。众所周知，在雅丹地貌里，永恒是它所呈现出的主题，这也是它能频繁进入经典摄影摄像、经典电影纪录片选景地的原因之一。中国的雅丹地貌主要分布在中国西北的青海地区，“雅丹”在维吾尔语中的意思是具有陡壁的小山包，多为陆上风蚀。而“水上雅丹”更是一种特别的存在了。如何拍出这种风景呢，无人机的航拍摄影和接片技巧就需要发挥很大的作用。

《水上雅丹》摄影作品（见图 4-1-6）拍摄背景为水上雅丹地质公园，它是世界上唯一一处水上雅丹地貌，因为吉乃尔湖面抬升，逐步淹没北缘的雅丹群，形成了独一无二的水上雅丹。它是柴达木盆地边缘隐藏着的中国最大的一片水上雅丹地貌群，它是一望无际的荒漠中凭空而出的一片“汪洋”，摄影师将其作为拍摄主体，完成了无人机风景的拍摄工作。

图 4-1-6 《水上雅丹》摄影：叶颀（金华）

在用无人机完成拍摄后，摄影师还需要通过计算机，用 Lightroom 软件进行接片处理，具体操作如下：

步骤 1　选定需要拼接的 4 张照片导入 Lightroom，这是前期无人机拍摄的水上雅丹地貌，需要接片的照片必须保证拍摄手法一致，如图 4-1-7 所示。

图 4-1-7　打开软件

步骤 2　单击照片“照片”→“照片合并”→“全景图”命令。如图 4-1-8 所示。

图 4-1-8　选中全景图操作

步骤 3　在合并的界面调整合成大小和扭曲畸变等，调整完成后单击“合并”按钮。这是接片中最重要的一步，合并后的照片就是无人机航拍的水上雅丹全貌，通过全景图这一功能，可以将画面的展示内容扩大数倍，让人们看到风景的全貌，如图 4-1-9 所示。

图 4-1-9　合并照片

步骤 4　调色。将合并后的水上雅丹摄影照片进行调色，调色的方法有很多，只要将作品的整体色调进行调节即可，切不可将色调调整得过于艳丽，使照片失去真实性，如图 4-1-10 所示。

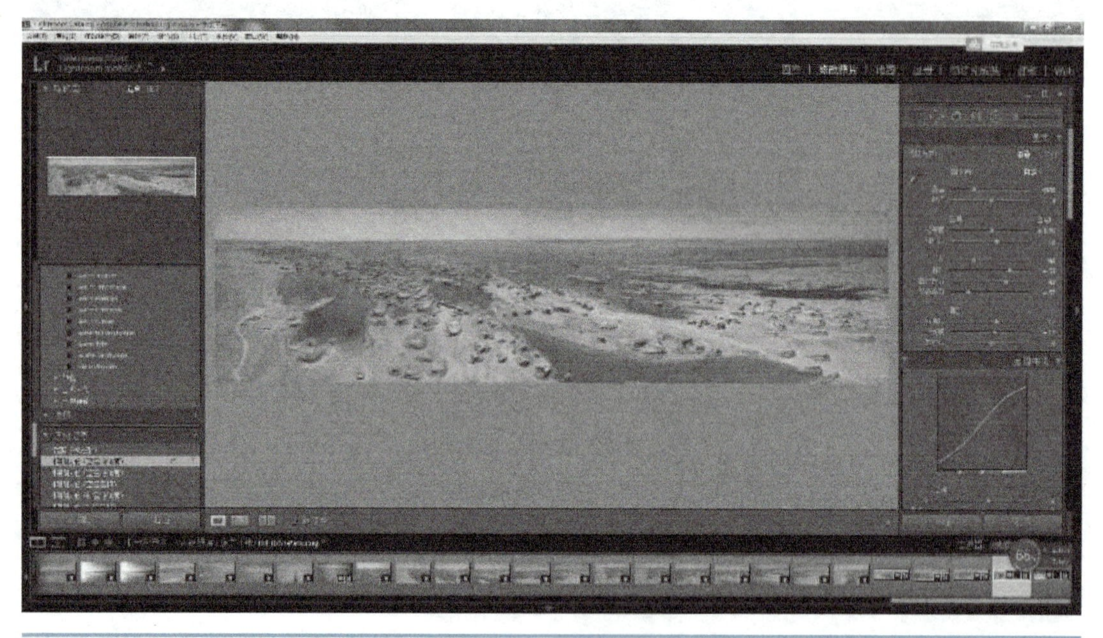

图 4-1-10　调色示意图

经过这 4 步的处理，完整的《水上雅丹》摄影作品就呈现出来了。值得注意的是，当决定要进行接片处理后，在进行拍摄时要有计划，对将要拍摄的景物实现拟定拍摄方案，例如，用几张来接，每张从何处起到何处止。注意每张接片的两侧边缘部分要事先选择带明显特征的标记性景物，这一景物应有鲜明的轮廓特征便于 Lightroom 软件重叠时辨认；注意各张元素片曝光度的一致性，这也是为了在事后接片时各片的色调、反差趋于一致，便于消灭拼接痕迹。因为宽阔的场景中有可能某些片段需要改变光圈以调整景深，还有可能因为拍摄时间较长，导致阳光变化或是来了云彩，这时还固定曝光数值反倒会使拼接失败，不如逐张准确测光以保证张张成功。

小技巧

上下两张照片一定要有 30% 以上的重合，要不就很难自动接片成功。如果左右接片的话，其实原理也是一样，上下、左右的两张照片一定要有 30% 以上的重合。

同样的，如果要拍摄花海，也可以采用接片的方法来进行无人机航拍摄影。芝堰村始建于南宋淳熙年间，古时过往商旅众多、商贸繁荣，形成以“九堂一街”为代表的厅堂、民宅、客栈、店铺、茶馆、过街楼等，为国家重点文保单位。在春暖花开的时候，满山遍野开满黄色的油菜花，令人陶醉，令人向往。又到一年油菜花绽放季节，约上三两个好友，来到这花海，用接片方式，拍下这壮阔景象，如图 4-1-11 所示。

图 4-1-11 《芝堰油菜花海》摄影：叶颀（金华）

必备知识

1. Lightroom的裁剪辅助线

裁剪是在后期中调整构图的重要工具，在使用 Lightroom 裁剪功能的时候可以在图片之中添加一些辅助线来帮助查看用何种方式进行裁剪更方便，Lightroom 提供了多种辅助线，在使用裁剪功能的时候只需要按 <O> 键来切换辅助线，然后根据需要选择一种适合的辅助线就可以了。

2. 角度

同样也是裁剪工具的一部分，对于建筑摄影或者风景摄影来说，进入后期的第一步一定是角度的校正，在裁剪工具中使用角度尺可以很方便地旋转照片让照片达到平衡的角度，也可以单击画面在画面中进行拖动。

3. 快速查看调整前的照片

有的时候照片调着调着就连最开始是什么样的都忘掉了，利用快速查看调整前照片的功能可以一键让画面回到最开始的状态，切换比较就可以看出调整后和调整前的对比，能够看清楚还需要在哪些方面进行调整，只需要按 <\> 键就可以了。

4. 在修复工具中画直线

如果画面中出现一些不想出现在画面之中的点的时候（如镜头上或者 CMOS 上的灰尘），通常会使用修复工具，而如果想要移去一整条内容，像是电线、飞机线、电线杆之类的时候，就需要利用修复工具来画直线，在使用修复工具的时候只需要按住 <Shift> 键就可以了。

5. 创建虚拟副本

有的时候对于一张照片不止有一种处理方法，通常的思路是建立几个照片的副本来进行处理，但是 Lightroom 并不是直接在照片上进行后期处理的，而是基于照片本身的副本调整，这个时候只需要建立几个虚拟副本就可以了，不管多少种处理方法，都可以在同一张图片上展现，而且不会占用硬盘空间。

实战强化

周末到大自然中去多多郊游，拍摄一张喜欢的航拍风景摄影照片。

项目评价表

本项目的学习已经全部完成，大家给自己的学习打个分吧，同时登记小组评分和教师评分，最后按自我评分 30%，小组评分 30%，教师评分 40% 的比例计算合计得分。

小组评分和教师评分时不光要考虑任务完成情况，还要综合考虑其小组的合作、沟通能力，工作态度等职业素养。

任务名称	评分内容	分值	自评分	小组评分	教师评分	学习体会
无人机拍摄的构图	掌握对角线构图	25				
	掌握垂直俯拍构图	25				
无人机摄影接片技术	理解什么是接片技术	25				
	掌握用 Lightroom 进行接片	25				
合计得分：						

项目 2　虚拟现实技术中的无人机摄影技巧

项目描述

利用无人机拍摄实景图像，通过多种数据处理手段配合计算机技术完成对现实生活场景的抽象模拟化建构，形成数学三维模型，而无人机航拍技术为这类模型提供了最真实、详尽的信息资料。本项目将通过《AR 杭电》建模的实例来展开学习。

任务 1　AR 建模中的无人机应用

任务分析

《AR 杭电》是由莫比乌斯文化传媒制作的通过 AR 技术展示杭州电子科技大学校园风

貌的 APP。由于学校楼宇较多、环境复杂，建模素材来源于实地素材取景，无人机拍摄取景无疑大大降低了模型的取景难度。

在接受该任务时，首先应明确选取无人机拍摄建模的原因是什么，技术难点在于建模时需要的精细度，通过无人机对建模主体的不同距离或角度的拍摄，使得后期建模时可以达到模型要求的精细度。作为建模素材取景，镜头的质量是第一位，必须保证建模所需图片的高精准度和精细度。

必须明确需要完成的建模是只有物体轮廓就可以呢，还是说必须有具体图案、纹理和材质，这些问题在拍摄之前必须有明确的目标，做到有的放矢。在具体实施中，首先需要明确拍摄的必备角度素材，做到模型最基本的贴图基础，其次明确所需的模型精度。在拍摄过程中尽可能多取景，在合适范围内素材的高丰富度可以满足后期建模的不同要求。

切记在拍摄时应当时刻关注无人机续航问题，同时在完成拍摄取景后，要检查是否已经完成所有拍摄计划。

任务实施

《AR 杭电》是通过 AR 技术展示杭州电子科技大学校园风貌的 APP，通过对校园进行 AR 建模，用户可以将杭州电子科技大学的实景投影在对应的地方，如图 4-2-1 所示（图中为将杭州电子科技大学问鼎广场通过 AR 技术展现在杭州电子科技大学的校友卡上）。

图 4-2-1　效果图

本任务中需要无人机拍摄的镜头见表 4-2-1。

表 4-2-1　无人机拍摄镜头示意表

拍摄角度	无人机拍摄镜头展示
侧视图 1	
侧视图 2	
俯视图	
后视图	
正视图	

有了这几张无人机航拍的摄影照片，建模所需的基本条件就已经满足了。再需要的便是细节问题，项目所需的精度要求决定了使用无人机对细节建模主体取景所需的精细度。

在本任务中，设计的初衷是对问鼎广场进行高度逼真还原，通过分析问鼎广场建筑主体，发现主体本身有非常多的细节部分，需要对这些细节进行单独拍摄取景。

当对问鼎广场上部环形建筑进行取景时，为了保证画面的一致性，拍摄方法为无人机升空后定点悬停进行平移拍摄，在环绕环形建筑进行拍摄时应当在平移过程中注意摄像头的调节，确保对环形建筑一周都进行全面拍摄；而在对三根柱子的细节与纹理进行拍摄时，则采用定点悬停，接着进行无人机垂直升降，对柱子的纹理进行取景拍摄。

定点悬停、无人机垂直升降、镜头垂直升降都是比较关键的操作，也是在使用无人机进行拍摄时必须要掌握的技能之一。《AR 杭电》无人机拍摄镜头分析见表 4-2-2。

表 4-2-2 《AR 杭电》无人机拍摄镜头分析

镜号	画面镜头编排设计	拍摄技巧	完成拍摄镜头
1	主体顶部环形建筑	平移	
2	三根支柱的纹理及图案细节	垂直升降 操控拍摄	
3	整体外形	定格	

在建模中也应当考虑实际情况，如在现实中，问鼎广场的地台中心位置有一个小型瀑布，这是为了与周围喷泉形成景观呼应，增加美感，而在本项目的实际建模中，只需对问鼎广场主建筑进行建模即可，所以在实际建模过程中在模型中填补了底部的瀑布空位。《AR 杭电》建模效果对比见表 4-2-3。

表 4-2-3 《AR 杭电》建模效果对比示意

现实	实际建模
	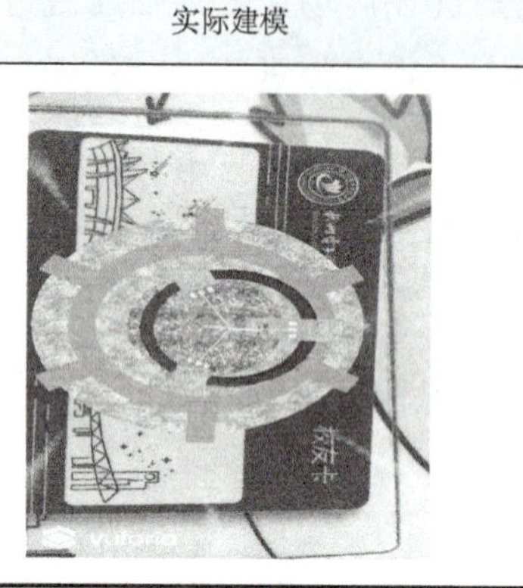

由此发现，虽然 AR 建模是基于现实世界，对现实进行还原，但具体情况应具体分析，在高度还原的基础上应不失模型的美观性。

在进行各方面取景拍摄、拥有了建模主体细节图片之后，便可用 3ds Max、Unity 3D 等相关软件进行建模操作。本任务使用的是 Unity 3D，在 Unity 3D 中使用无人机采集的建模主体素材对已经建成的裸模型进行精细化贴图，如图 4-2-2 和图 4-2-3 所示。

由于本任务中是通过对样本的识别，从而在正确的载体上显示 AR 模型，本任务中 AR 模型载体为杭州电子科技大学校友卡，所以需要对校友卡进行样本采集处理，完成后，打包生成软件即可。

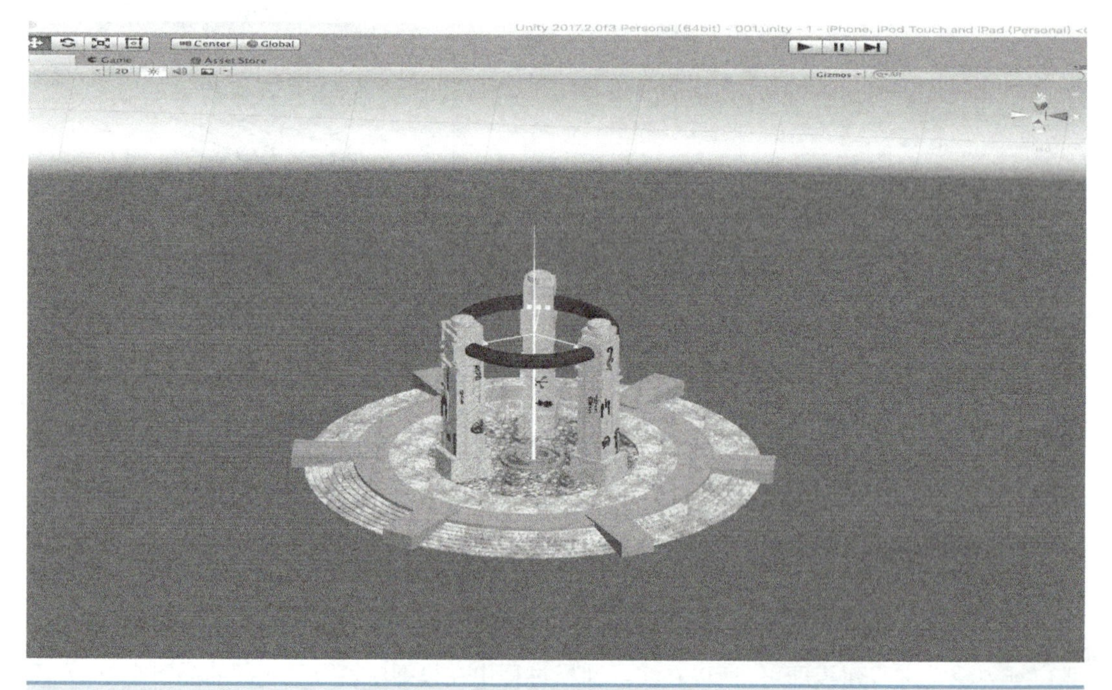

图 4-2-2 Unity 3D软件中贴图效果 1

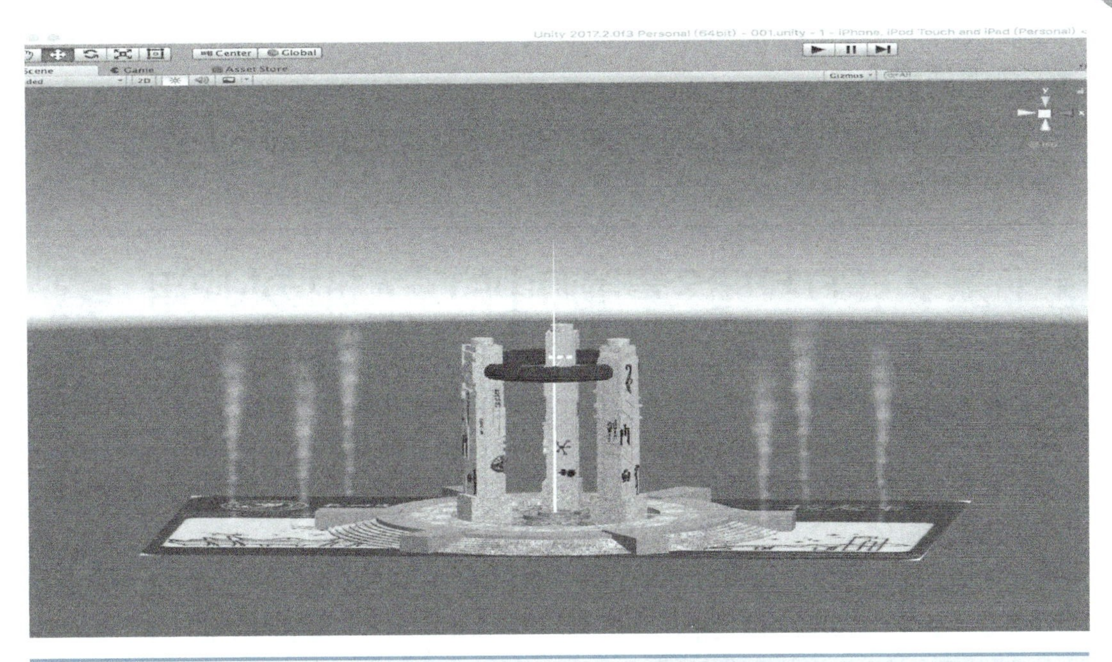

图 4-2-3 Unity 3D软件中贴图效果 2

必备知识

1）AR 技术首先将现实世界实时导入系统，然后输出现实世界和基于现实世界所衍生出的虚拟环境相结合的界面。

2）AR 建模商业用途：房地产行业，解决用户零距离看房问题，解决开发商样板间实体搭建高成本问题；博物馆，复原已经不存在的物品或事件；餐饮行业，AR 点餐等。

3）考虑 AR 应用的使用环境。由于 AR 应用是基于现实的，那么现实环境对于 AR 设计有着重要的影响。例如，在家、办公室这种私密环境下，用户可以全身心投入其中，可以设计较长时间的用户会话和复杂的交互模型，也可以借助一些特定的交互设备，如头戴式显示器。

4）对 AR 的使用进行评估。反复测试在构造 AR 应用的过程中尤为重要。在深入设计之前，需要反思为什么要去做，这样做将会带来什么好处。

AR 体验确实强大，但是它们应该与业务目标结合起来，不能因为 AR 是一种流行技术，就将它运用到已经规划好的应用中，这将影响用户体验；反之，需要对功能性需求反复评估，确保 AR 技术的运用能够更好地满足用户体验。如果打算设计一个 AR 体验，应该潜心研究用户，花时间去真正了解目标用户，而不是仅思考如何使用软件来完成特定任务，应该去了解用户在现实世界不使用任何设备的情况下是怎么做的。

实战强化

用自己的语言向朋友介绍关于AR建模中的无人机应用的基本知识，并查阅相关资料，了解新技术的应用。

任务2　3D校园全景漫游中的无人机技术应用

任务分析

随着无人机的快速发展，使用无人机拍摄空中全景以及制作各种地图的技术日渐成熟，制作步骤得到简化。3D校园全景漫游是由摄影衍生出来的一种技术，用户可以在手机或个人计算机上进行浏览，实现水平360°与垂直360°浏览，还可以任意调整距离远近，使大家仿佛置身于真实的环境之中，填补了平面效果图。本次任务就来了解一下无人机航拍在3D校园全景漫游中的应用技术。

任务实施

全景拍摄使用的是一台具有1200万像素的超高清机载相机的智能旋翼无人机（见图4-2-4）。无人机航拍获取的视频用来实现学校的全景地图制作，了解3D校园全景漫游中无人机的拍摄流程、通过PTGui对图片进行合成拼接、修补图像以及完成全景图的应用技术。

图4-2-4　智能旋翼无人机

为确保安全飞行，在航拍之前，需要对飞行器进行调试；选择符合起飞条件的时间、地点、天气；对相机的拍摄参数包括曝光量、ISO感光度、场景模式和白平衡条件等进行试拍调整，调整拍摄参数到合适为止，调整完成后锁定参数从而保证在整个拍摄过程中参数不会改变。在空中将无人机悬停在合适位置后，即可开始拍摄，整个过程中无人机处于悬停状态，需要拍摄3～4圈，第一圈将云台上仰30°，旋转无人机镜头，每转动30°拍摄一次，共采集8～10张照片，第一圈完成之后转回到拍摄第一张照片的位置开始拍摄第二圈；第二圈保证相机视线方向与重心方向垂直，每转动45°拍摄一次，拍摄照片数为6～8张；第三圈需将镜头角度向下旋转45°，每转动60°拍摄一次，拍摄照片数为 8 张，再竖直向下正对地面拍摄 2 张。无人机拍摄的图像如图 4-2-5 所示。

图 4-2-5 无人机拍摄的图像

由于感光元件或摄影成像系统自身具有一些成像误差，以及在摄影环境中有诸多影响成像的因素，绝大多数数码摄影照片不能真实还原现场的情景，容易出现曝光过度或不足、色彩偏冷或偏暖、噪点明显或鬼影频出等问题。为了使采集到的影像接近现实，更符合人眼观赏的需求，要先经过预处理，通过 Photoshop 软件调节亮度、饱和度、对比度等还原影像的真实色彩，让影像更贴近实际场景。

全景影像拼接中应用较多的一款软件是 PTGui，可快捷方便地制作出炫目的全景图片。

在使用这款软件时，第一步是按影像顺序加载所有无人机拍摄的影像，在相机 / 镜头参数中设置镜头类型为“普通镜头”，单击对准图像。第二步是在对准完成后，对相互重叠、冗余较多的个别影像进行删除，部分影像因建筑天际线不统一、影像画面中天空占比较大等原因，可能出现相邻影像控制点无法自动匹配的情况，这时需要进入控制点版面添加控制点，手动寻找同名控制点，再自动匹配更多控制点，使图片更加准确地拼接。第三步是选择“优化全景图”工具进行优化并创建全景图；对全景图进行编辑时，在“全景编辑器”中调整图片的水平和中心点位置，进入蒙版界面，在“蒙版”里用红色来抹掉不需要的地方，蓝色保留不变的地方，并在“优化器”里进行视点校正，最后单击“创建全景图”命令，导出 jpg 格式文件，如图 4-2-6 所示。当通过 PTGui 合成的全景图像残缺不整、明暗不一时，需要借助 Photoshop 对其进行修改完善，运用仿制图章、曲线等工具修补残缺、调整光线等。

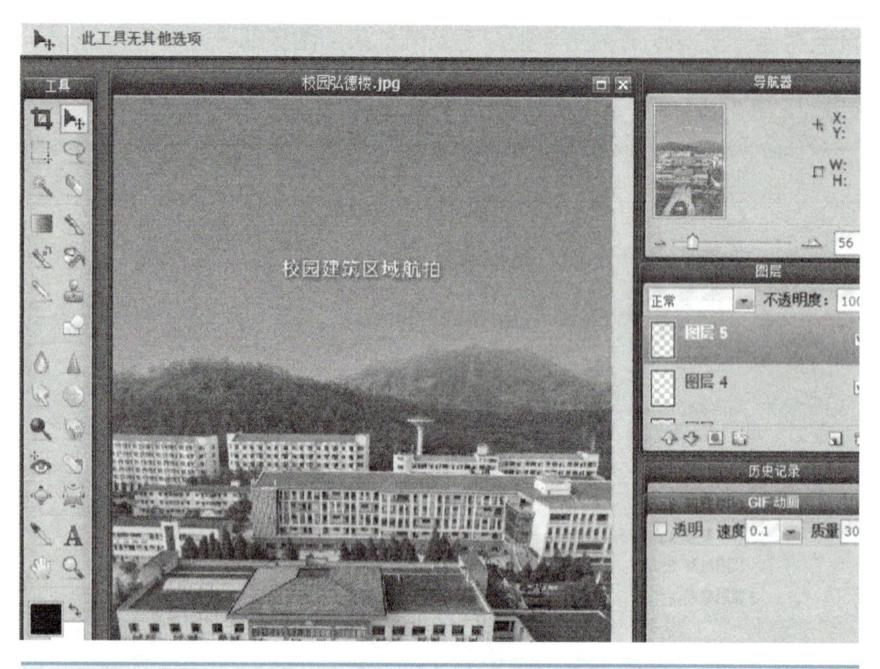

图 4-2-6　PTGui 软件操作示意

当拼接完成后，需用 Photoshop 对矩形全景图的天空进行修补。首先利用扭曲工具，将平面的影像转换为极坐标模式，这时天空就成了一个闭合的区域，再结合地面上拍摄的天空影像进行修补，将天空补充完整后再将其从极坐标转换为平面坐标模式。调整亮度、饱和度、对比度等，可以使全景图的清晰度、色彩等达到最佳状态。修补完成后的学校全景图如图 4-2-7 所示。

图 4-2-7　修补完成后的学校全景图

最后对影像进行细节检查，首先找出影像输出的六面体单片并放大，这样便于对影像做仔细检查，主要检查线状地物是否有错位、移动的车辆和行人重影等问题，对有问题的地方，逐一加以修改。最后对全景图最左和最右的接边进行检查，可通过拼接六面体单片的形式，也可用将全景图旋转 180° 后利用极坐标与平面坐标转换的方式来实现。

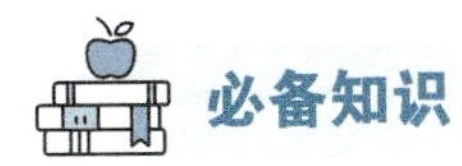

必备知识

1. 3D校园全景漫游的特点

3D 全景校园是基于虚拟现实场景界面的形式直观表现现实校园的景观及设施，并可上传到互联网提供远程用户访问和虚拟漫游，促进校园建设和教育发展的一种全新的技术概念。例如，金华市第一职业学校微电影工作室的全景图如图 4-2-8 所示。

图 4-2-8　金华市第一职业学校微电影工作室全景图

其特点是：1）全方位。线上 360° 旋转实景展示，场景 720° 无视觉死角进行虚拟漫游，全方位的展示校园环境和学校特色工作室。2）三维全景图像大多是源于对真实场景的拍摄捕捉，并经过了特殊的透视处理，最大限度地保留了场景的真实性，立体感、沉浸感强，漫游其中犹如身临其境。3）无时空限制：制作成的文件占用空间小，可以链接形式放在任意网站中，不影响网站正常的打开速度。

2. 前期拍摄时的注意事项

1）固定焦段。为了使各片所获得的物体成像比例相同，PTGui 将根据人工指定的或第一张片的 Exif 信息确定焦段和机型，正确计算透视关系；若要将不同焦段的照片合为一体，后期处理将会非常繁杂，需要人工将相关照片按指定焦段进行折算和加工后，才会让程序完成自动对接控制。

2）曝光。由于场景大，各处的光照情况差别巨大，而且相机本身的宽容度有限，因此需要根据场景光照情况，采用固定曝光或自动曝光 + 包围曝光的方法，实现场景总体不过曝、不欠曝。在无大光比的情况下采用固定曝光最恰当，在光比过大时采用自动曝光 +

包围曝光也是实用的，PTGui 具备自动曝光修正和 HDR 合成处理能力。

3）光圈。光圈越小景深越深、场景清晰范围越广，不同光圈的景深不同、场景清晰范围不同，从便于操作、减轻景深的计算看，固定光圈是最容易的做法；当然不固定光圈也是可以的。

4）对焦。在接片中由于远近差距非常大，所以一定要对光圈与景深做到心中有数，确保关联片中重叠区域内的物体清晰，可以设定不同的对焦点或采用自动对焦点。

5）基点。即拍摄时的圆心，在准备接片时，若想将主体更突出（即更大），则拍摄时的基点一定要根据主体及周边场景的高低透视来合理确定，基点离主体越近，则在成片中展现越大。

6）补拍。在城市近景中一般都会遇到人、车、广告屏、流动灯等在动、在变化的场景，若快门速度不够快，肯定会形成拖影、虚影或断影，因此一般在主体全景拍摄完成后或相关近景拍摄时，在同一基点用相同焦段，通过调整光圈、曝光时间、ISO 等方法，补拍相关近景人、物、光的清晰静态照片作为备用，而且要尽一切可能让片中人、物保持最大程度的完整，对此也可多补拍几张备用。

实战强化

上网欣赏 3D 校园全景漫游作品，尝试拍摄并使用 PTGui 软件。

项目评价表

本项目的学习已经全部完成，大家给自己的学习打个分吧，同时登记小组评分和教师评分，最后按自我评分 30%，小组评分 30%，教师评分 40% 的比例计算合计得分。

小组评分和教师评分时不光要考虑任务完成情况，还要综合考虑其小组的合作、沟通能力，工作态度等职业素养。

任务名称	评分内容	分值	自评分	小组评分	教师评分	学习体会
AR 建模中的无人机应用	了解 AR 项目中无人接拍摄的手法	25				
	理解 AR 建模的实现思路	25				
3D 校园全景漫游中的无人机技术应用	了解 3D 校园全景漫游中无人机拍摄的要点	25				
	掌握基于 PTGui 的全景影像拼接	25				
合计得分：						

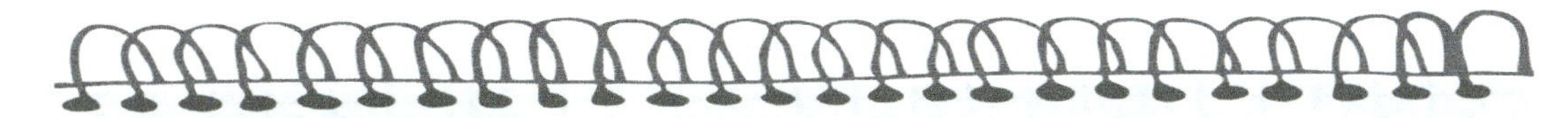

单元检测

1. 风景航拍技巧有（　　）。

   A. 多维度拍摄　　　　B. 拍摄稳定的长镜头

   C. 拍摄时光圈调大　　D. 全程垂直拍摄

2. 用无人机完成拍摄后，接片处理常用软件是（　　）。

   A. Lightroom　　B. After Effects

   C. Premiere　　D. Flash

3. 3D 校园全景漫游的特点有（　　）。

   A. 全方位　　B. 真实性　　C. 沉浸感　　D. 无时空限制

4. 在进行 3D 校园全景漫游前期拍摄时要注意（　　）。

   A. 固定焦段　　B. 曝光　　C. 光圈　　D. 对焦

5. 拍摄时的基点指的是（　　）。

   A. 拍摄时的圆心　　B. 拍摄时的主体

   C. 主体　　D. 圆心

单元小结

本单元通过无人机拍摄的构图、无人机摄影接片技术、AR 建模中的无人机应用、3D 校园全景漫游中的无人机技术应用等的实例详细分析，学习了无人机摄影的一些先进技术，通过实例了解到要想拍出优秀的无人机摄影作品，就要将科学和艺术完美地结合起来。致力于无人机摄影的同学们，必须要培养好扎实的摄影技巧和出色的数字化处理能力，这样才能拍摄出优秀的无人机摄影作品。

第5单元

无人机拍摄的摄像技巧

单元概述

随着技术的发展，无人机航拍已成为了一种独特的创作手法。本单元将学习无人机拍摄的摄像技巧，掌握一些无人机拍摄的镜头运动方式。

通过项目 1 的无人机常用拍摄技巧的学习，掌握无人机摄像的基本知识，了解无人机拍摄的操控方法及镜头运动方式，深入学习无人机拍摄的操作与技巧，并使学生在多次实践后，可以独立使用无人机进行不同场景的拍摄作业。

通过项目 2 中无人机拍摄影片所需要的组合拍摄技巧的学习，掌握操作技巧组合的常用方式，了解如何针对拍摄的特殊对象对镜头运动方式进行编排，并融入影像创意设计，从而实现理想的摄像效果。

学习目标

通过本单元的学习，将了解如何实现流畅的拍摄以及无人机摄像的 3 个基本组成部分（预备起幅部分、过程拍摄部分、收尾落幅部分）；在空中拍摄部分学习众多摄像技巧的同时，掌握无人机在操控中的镜头运动方式（推、拉、摇、移、跟）、摄像运动方式（展现拍摄、环绕拍摄、穿行拍摄、追逐拍摄、鸟瞰拍摄等），提升飞手对无人机摄像的操控能力，并掌握对镜头运动方式进行编排与设计的方法；在增强无人机操控自信的同时，逐渐养成安全、规范的作业意识。

项目 1　航拍美丽校园——常用摄像技巧

项目描述

2018 年 9 月，台州市某教育局全面开展第二批“美丽校园”创建活动，促进学校校园环境外在美与学校品质内在美的有机结合。学校在争创“美丽校园”的同时，用无人机的摄像镜头记录下创建过程中的美。本项目中无人机拍摄运用了各种镜头运动方式，对校园内的主要景点和人文进行拍摄。本项目通过校园人文、校园风光两个任务学习无人机拍摄的摄像技巧，根据具体实例，选择合适的镜头运动方式进行实验，对相应的拍摄效果进行调整。

任务 1　航拍校园人文

扫码看视频

任务分析

本任务将利用无人机基础镜头拍摄校园运动会，包括对开幕式及各个比赛项目的拍摄，掌握无人机基础镜头的运用。通过静态镜头拍摄、摇镜头拍摄、俯仰镜头拍摄、推轨镜头拍摄和移动拍摄 5 个镜头拍摄来学习无人机基础镜头拍摄的技巧。

任务实施

校园人文应当表现校园生活，突出校园特色，展现校园精神。本次任务拍摄场景为学校运动会，运动会项目繁多、精彩纷呈，项目不同，特点也不尽相同，在拍摄时也要采用不同的镜头进行拍摄，突出不同项目的特点，达到最佳的拍摄效果。本次任务选取了 5 个场景，选择 5 种不同的镜头拍摄类型分别拍摄，其中所有的无人机操控采取的都是美国手。

> **小技巧**
>
> 在拍摄前，建议选好操控位置，确保可以观察到飞行拍摄时可能遇到的障碍物；调整好航拍器方向，确定拍摄画面范围，完成构图；然后在几米外开始拍摄。

步骤1　静态镜头拍摄

场景：伴随着进行曲，国旗方阵正向主席台走来。

操控技巧：启动电动机，将右摇杆慢慢向前推动，无人机缓慢上升，上升至 20m 左右高度时，将右摇杆复原，将无人机悬停在半空中进行拍摄，如图 5-1-1 所示。

步骤2　摇镜头拍摄

场景：篮球场上，十人多足比赛正在火热进行，同学们都在为参赛选手加油打气。

操控技巧：与静态镜头一样，将无人机悬停在20m左右高度，轻轻向右拨动左摇杆，使无人机向右旋转，实现镜头从左到右摇动拍摄，如图5-1-2所示。

图5-1-1　静态镜头拍摄示意图

图5-1-2　摇镜头拍摄示意图

步骤3　俯仰镜头拍摄

场景：助跑、冲刺、起跳、纵身一跃，跳高赛场上，选手们正在激烈比拼中。

操控技巧：将无人机悬停在10m高度，缓慢匀速转动遥控器左上角拨轮，上下摇动镜头，进行拍摄，如图5-1-3所示。

步骤4　推轨镜头拍摄

场景：鲜花队、国旗方阵、运动员方阵已就位，主席台上人员已就位，运动会马上开幕。

操控技巧：将无人机飞升到15m左右高度，调整遥控器左上角拨轮，保持镜头正对主席台，向前推动左摇杆，控制无人机向前匀速飞行拍摄，如图5-1-4所示。

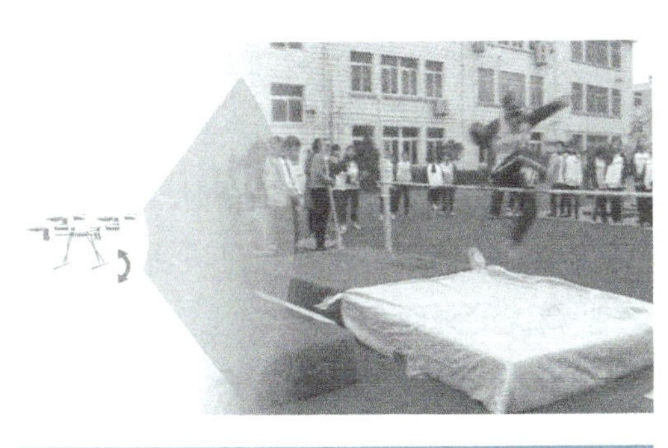

图5-1-3　俯仰镜头拍摄示意图

图5-1-4　推轨镜头拍摄示意图

小技巧

在拍摄过程中，除非安全原因，不要做过大动作，也不要中途改变拍摄计划，如果在拍摄时发现了更好的拍摄角度，可以先完成拍摄后再飞一次。

步骤5 移动拍摄

场景：开幕式中，各个方阵依次走过，响亮的口号，整齐的步伐彰显着青春和活力。

操控技巧：将无人机上升到20m左右高度，调整遥控器左上角拨轮，保持镜头正对主席台，向左推动左摇杆向前飞行拍摄，如图5-1-5所示。

图5-1-5 移动拍摄示意图

> **小技巧** 在完成预期内容的拍摄后，不要立刻停止飞行，继续飞几秒，完成拍摄的收尾。

必备知识

无人机拍摄的镜头运动方式分为静态镜头和动态镜头，两种运动方式都力求保持画面最大限度的稳定与平衡。所谓静态镜头，就是无人机固定在一个位置进行拍摄，通常无人机上的摄像设备使用云台来固定。动态镜头是指因无人机的运动或镜头焦距的改变而引起的影像具有动感的镜头。无人机拍摄的动态镜头大致有“推、拉、摇、移、跟”5种基本运动方式。

1．静态镜头

拍摄静态镜头时相机不动，画面中的内容在运动。初次尝试无人机拍摄时，为了熟悉无人机拍摄，可利用以往摄像经验去拍摄一些静态镜头。不能因为自己可以灵活地操控运动镜头而去随意移动，可以用悬停的镜头捕捉到一些精美的画面和动作。

2．动态镜头

动态镜头是无人机航拍时最常使用的镜头。拍摄时，无人机处于运动状态。动态镜头的运动方式有很多种，下面将从摄像的几种常用方式讲起，再介绍航拍特有的镜头运动方式。动态镜头使用的关键是缓慢流畅地移动镜头。

（1）推摄

推摄是无人机向被摄主体的方向推进，或变动镜头焦距使画面框架由远而近向被摄主体不断接近的拍摄方法，也是最为常见的镜头运动方式。推镜头会使画框所包含的空间范围缩小，在画面框架中由大景别切换到小景别，被摄主体的主要部分在画幅中所占比例逐步升高，次要部分逐渐减少。在实践中发现多数无人机机载相机的镜头为定焦镜头，镜头本身无法实现推拉。那么如何实现推拉拍摄呢？靠无人机的前进和后退来实现。但这种靠位移实现的推拉，与镜头的推拉不一样。当推镜头即镜头焦距越来越长时，背景会被压缩。所谓压缩，就是背景与前面的物体看起来越来越近；反之，镜头变广会让景与物体看起来越来越远。有些酒店拍摄宣传照使用的正是广角镜头，才使得房间显得比实际大很多。通过镜头推拉实现的光学变焦是真的变焦；而数码变焦是通过将传感器上的每个像素面积增大，实现变焦效果，使用数码变焦“拉近”画面，会降低画质、增加噪点。

温馨提示

拍摄时采用数码变焦的方式与后期放大缩小照片的效果是一样的。看起来很方便，但是效果不如后期时处理的。因此建议大家尽量避免使用数码变焦来实现推镜头。

（2）拉摄

拉摄即无人机上的摄像设备逐渐远离被摄主体，或变动镜头焦距（从长焦调至广角），使画面框架由近至远与主体拉开距离的拍摄方法，与推镜头的运动方向相反。先强调主体的重要内容，再通过拉开距离，展现主体全貌，甚至可以表现主体与背景的关系。所以这也是由人到景，一种把注意力从人物身上转向环境的基本手段。同样，航拍拉镜头也通常表现为无人机由近及远飞离被拍摄人物，使用拉镜头拍摄时应当注意以下问题：

1）镜头的运动方向与推镜头正相反，推镜头要以落幅为重点，拉镜头应以起幅为核心，无论是航拍推镜头落幅，还是拉镜头起幅，最好都采用中景或近景。

2）航拍拉镜头的落幅范围是无限扩大的，可以把一个镜头从人物特写一直拉到几百米高空，因此需要考虑到更大场景的镜头美感，从而给观众带来感官上的巨大冲击。

（3）摇摄

摇摄就是无人机机身不动，镜头水平旋转或者垂直旋转。如果广角镜头无法把整个画面完全拍摄下来，那么就应该使用“摇摄”的拍摄方式。

1）水平摇摄：左右摇动镜头，可以很好地拍摄宽广的全景，或者是左右移动的目标，一般适用于表现浩大的群众场面或壮阔的自然美景。例如，拍摄电影中警车追逐嫌犯车辆，为体现速度与激情，需要镜头水平摇动。拍摄这样的车辆动态，首先要规划好汽车行驶的路线以及摇摄的起始点。无人机则可通过拨动控制杆实现摇镜头，可以缓慢摇动镜头扫过，以展示和介绍更多场景。

2）垂直摇摄：即俯仰镜头，主要展现的是高大建筑的雄伟和悬崖峭壁的险峻。也可以追踪跳水运动员，以运动员预备动作作为起幅，运动员从起跳到入水，镜头随运动员下落的动作逐步下移。纵向的建筑物是垂直摇摄的最好目标。站在一座高楼大厦前，先用平摄的方法拍摄景物的底座，再从下往上慢慢移动镜头直至高楼的顶端，显得建筑物雄伟壮观。大多数无人机的遥控器都有俯仰拨轮，可以实现远程操控。在使用操控云台实摄展示一栋高建筑时，自然会使用俯仰镜头。其实，使用摇镜头划过画面就是在拍摄全景。俯仰镜头也是摇镜头的一种，只不过是上下摇动。从视觉心理学角度看，因为物体坠落是垂直运动，这种上下垂直摇动的俯仰镜头给人一种不安、刺激或危险的感觉，不像横向的摇镜头，给人平静的感觉。

（4）移摄

移摄是将摄像机架在活动物体上，沿水平面做各个方向的移动拍摄。简单来说，就是在录像的同时，将无人机前后平移或左右平移并进行拍摄。平移航拍镜头类似于展开画轴式的场面、场景，这种无人机航拍镜头主要用来表现大面积、长距离的拍摄主体。沿着轨道移动可以得到流畅的镜头运动，但在无人机航拍实践中没有物理轨道，只能利用控制手柄，这需要操作者熟练的航拍技巧，从而使拍摄出来的镜头富有临场感，但需特别注意两个方面：

1）尽可能保持画面的平稳，专业级的增稳云台均能达到稳定图像的要求，而拍摄者仅需实时修正所拍摄的目标，保持整个画面的平稳。

2）尽可能发挥无人机拍摄灵活、多视点、多角度的优势，如穿越桥洞、门洞、飞越山峰、高楼等，均是很好的应用场景，尽量在表现大场面、大纵深、多景物、多层次的复杂场景时，营造出气势恢宏的造型效果。

移镜头可为影像增加视觉效果。视觉方向与飞行方向不同，这考验着操作者的方向感和摇杆操作。镜头变焦和移镜头产生的效果相似，但拍出的画面真实感远不如后者。运用无人机航拍平移镜头拍摄火车、路桥、河流等景物，能非常准确地展现被拍摄主体的形象和特征。

（5）跟摄

跟摄是无人机始终跟随运动中的目标进行移动拍摄达到连贯流畅的视觉效果。在无人机航拍实践中，跟镜头的操作方式与移镜头类似，只是要求更加严格、控制更加复杂。跟拍可以在拍摄主体的后面、前面、侧面，这种无人机航拍手法多用于运动、旅行、探索类节目的航拍。此类拍摄通常是固定翼飞行器无法完成的，需要使用多轴旋翼式飞行器。需要注意的是：跟上、追准被摄对象是跟镜头拍摄的基本要求，往往在跟拍镜头中，距离被拍摄对象越近，无人机的飞行路线越复杂，需要提前计算好被摄物体的大致运动方向，以便于计划飞行线路。跟镜头是通过机位运动完成的一种拍摄方式，镜头运动起来后所带来的一系列拍摄上的问题，如焦点的变化、拍摄角度的变化、光线入射角的变化，也是跟镜头拍摄时应考虑和注意的问题。因为无人机跟拍系统有自动锁定拍摄主体的功能，所以拍摄时可以异常灵活地占据摄影师无法到达的点位，在高度和角度允许的情况下自由飞行，轻而易举地保持跟拍镜头的流畅性和连续性。

扫码看视频

实战强化

选取校园日常生活中的一幕，可以是篮球场上的激烈拼杀，可以是文艺会演中的深情歌唱，也可以是烈日军训的挥洒汗水……使用本任务中所讲的 5 种镜头拍摄方式进行拍摄，展现校园人文风貌。对比不同拍摄方式的特点，说一说哪种拍摄方式更适合于所拍摄场景。

任务 2　航拍校园风光

任务分析

本任务将了解无人机空中拍摄适用的镜头运动方式，包括定场拍摄、展现拍摄、环绕拍摄（半环绕拍摄）、穿行拍摄、追逐拍摄、鸟瞰拍摄等。借助无人机拍好校园风光，就必须有主有次，有总有分。校园宣传的框架，从格局的考虑上就应该由大到小，先整体拍摄再将有特点的局部串联起来，形成一条线，从而由面及里宣传校园文化，具体将通过展现拍摄、飞行穿越拍摄、环绕拍摄等拍摄技巧，来训练怎么操控无人机进行空中拍摄，也可以通过寻找极具特色的视角，整理并归纳独具特色的点位，借助无人机灵活的镜头操控，拍摄出非常鲜活的校园风光。

任务实施

扫码看视频

步骤1　展现镜头拍摄

场景：校园入口。

操控技巧：将无人机上升到 20m 左右高度，调整遥控器左上角拨轮，镜头正对浙江音乐学院，向前推动左摇杆操控无人机向前飞行，保持稳定，同时拨动遥控器左上角拨轮，慢慢将镜头向上倾斜，如图 5-1-6 所示。

步骤2　飞行穿越拍摄

场景：穿越大门。

操控技巧：将无人机上升到 10m 左右高度，调整遥控器左上角拨轮，镜头对准前方，向前推动左摇杆，操控无人机径直穿过地面与建筑之间的空隙，如图 5-1-7 所示。

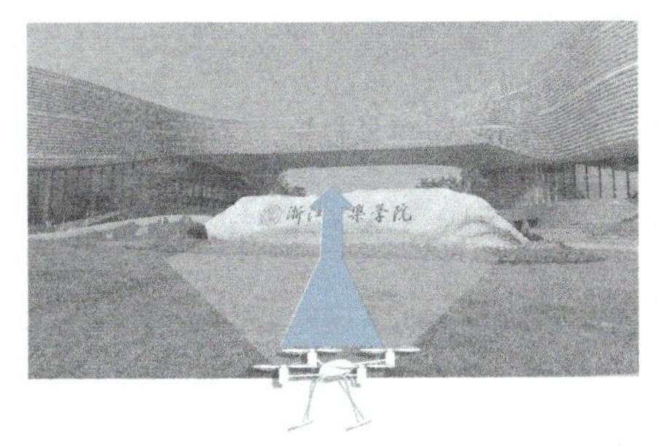

图 5-1-6　展现拍摄示意图

图 5-1-7　飞行穿越拍摄示意图

步骤3　垂直升降拍摄

场景：建筑外观。

操控技巧：将无人机上升到10m左右高度，调整拨轮，使镜头对准前方，向前推动右摇杆，操控无人机匀速上升，如图5-1-8所示。

> **小技巧**
>
> 以静止画面作为开始和结束。

步骤4　环绕拍摄

场景：建筑全貌。

操控技巧：将无人机上升至50m左右高度，调整遥控器左上角拨轮，使镜头对准中间建筑物，向左前方推动左摇杆，从左侧进行侧飞，同时进行右侧的偏航控制，环绕建筑物飞行，整个过程保持镜头对准圆心，如图5-1-9所示。

图5-1-8　垂直升降拍摄示意图

图5-1-9　环绕拍摄示意图

> **小技巧**
>
> 进行环绕拍摄时，要特别注意偏航控制，飞的圈越大，偏航控制的幅度就要越小。

步骤5　半环绕拍摄

场景：建筑全貌。

操控技巧：将无人机上升到50m左右位置，调整遥控器左上角拨轮，使镜头对准被摄建筑物，向前推动左摇杆，控制无人机从建筑物左侧向前飞行，当从旁边穿过建筑物时，调整左摇杆，进行偏航操控，始终保持建筑物处在画面中，向左前方推动左摇杆，使无人机做一个180°转弯，结束时处于相反飞行的状态，沿着之前的飞行轨迹飞离，如图5-1-10所示。

图 5-1-10　半环绕拍摄示意图

必备知识

下面来了解一下航拍适用的镜头运动方式，借助云台获得流畅稳定的画面。

1．展现拍摄

展现拍摄具有一定的揭示性，可以作为电影开始的定场画面出现。首先揭示性镜头从一个小画面开始，然后随着镜头的移动向前逐渐展现。展现拍摄是一部影片开始或展示某些大的拍摄对象时非常不错的方法，可以揭示出意料之外的场景，如瀑布、高山。可以从树木或山丘这样的遮挡物开始拍起，也可以从一个物体的特写拍起，随着无人机的移动，视野逐渐开阔，揭示出物体的所在场景，就像在观众面前慢慢展现一份礼物。另一种展现拍摄是通过滑动并倾斜摄像机来实现的。例如，操控无人机向前飞行，镜头首先向下拍摄，随后继续向目标场景飞行并缓慢抬起镜头，最后整个场景尽收眼底。类似揭示性的镜头还有许多拍摄方法，可将展现拍摄分为两类：前向展现，操作无人机向前飞行，保持稳定，无人机慢慢向上倾斜，展现出拍摄对象的全貌；反向展现：操作无人机向后飞行，同时向下倾斜摄像机，从而展现出拍摄对象。此外，在用无人机拍摄时，要观察好周围环境，计划好拍摄路线，确定好从哪里开始、从哪里结束以及镜头的倾斜角度等，这些都是必要的因素，拍摄时要有耐心，保持画面流畅。

2．环绕拍摄

环绕拍摄是指无人机围绕一个兴趣点按弧线、扇形、整圆等路径进行飞行拍摄。无人机航拍时的环绕镜头易于凸显和强调被摄主体，操控无人机从左侧或右侧进行侧飞，同时进行相反方向的偏航控制，从而形成一个圆形的飞行轨迹，并保持摄像机的镜头对准被摄主体。比如，环绕拍摄某一地标性建筑或者主人公时，镜头角度持续环绕移动，而画面背景也会相应地旋转更替，使得这种环绕航拍的拍摄效果感官刺激性强，动感十足。

通过手动操作也可以完成环绕拍摄，不仅自由度高，而且也不困难。将相机对准拍摄景物，调整好无人机高度和与景物的距离。环绕拍摄的步骤：操控摇杆控制速度，另一边控制旋转和方向，这需要一定的练习才能协调操作。无人机从一开始就确定环绕方向，操控向左或向右的方向舵实现环绕飞行。半环绕拍摄比环绕拍摄简单很多，它的动态比较主动，有扫掠的感觉即可。以上两种方式都能以出人意料的方式展现拍摄对象，表现史诗般的大场面转换。

3. 穿行拍摄

顾名思义，穿行拍摄就是无人机从场景中穿过并拍摄。这是一种有趣但稍有难度的拍摄方法。穿行拍摄时飞行要平稳缓慢，若想加速拍摄建议在后期处理时提速。大多数情况下，相机的方向是正向前或向后，因此，如果飞行过快，可能会在镜头中出现螺旋桨的影子。

穿行拍摄是一项很有技术性的操作。熟练的操作员也一定要在拍摄前，确定能够精确控制无人机悬停，保障穿行位置的准确性。除此之外，更要计划好飞行路线：从哪里飞入、哪里拍摄、哪里飞出。对于一些飞行经验丰富的朋友，可以尝试穿越树林，沿着屋顶线飞行甚至从大的孔洞中穿过。这样可以拍摄到更多精彩的镜头，为视频添彩。穿行拍摄会带给观众一种身临其境的真实感，领略无人机穿行其中的真实场景。

4. 追逐拍摄

追逐拍摄是从静止开始，追逐拍摄主体一起移动，与其保持相对固定的较近距离进行拍摄。追逐拍摄一般在《动物世界》猛兽捕食猎物的场景或者是汽车广告上应用较多。在拍摄前应与被拍摄的物体保持一定距离，可以在拍摄目标的前、后、左、右、上等方向使用航拍器追摄。这样就有足够的距离进行加速和角度切换，一直随着动作的进行而拍摄，拍摄难度也不小，但画面效果令人兴奋。这种拍摄方式的拍摄速度要更快一些，往往被用来近距离的特写拍摄，在后期时常会加快速度，以增强画面的动感。因此在拍摄时，时间的把握显得尤为重要。追逐拍摄的难点是与拍摄目标保持相同的运动速度，特别是无人机与被摄物体距离较近的时候，容易产生追尾或者甩尾的问题。因此还没有熟练掌握无人机操控时，请勿使用这种方法。在有条件的情况下需要提前演练，感受物体间的安全距离，但滑雪、冲浪等方向变幻莫测的体育运动就难以演练，所以相当考验敏捷的反应和自如的操控。紧跟拍摄物体的同时，随时调整拍摄角度与距离，将主体框在画面中心。如果还不放心的话，可以使用大画幅来拍摄，追摄时镜头稍微靠后一点。如此一来，后期制作时可以确保运动主体处于画面中间，镜头运动变化也会显得轻柔自然。

5. 鸟瞰拍摄

鸟瞰拍摄是无人机拍摄的经典角度，也是航拍影像创意方式中极具视觉冲击力的一种技巧，将摄像机的镜头垂直对着地面拍摄，就像卫星地图那样。这种“上帝视角”与追拍、环绕等其他几种拍摄方式都不同，效果更加震撼，视角也更加独特。从高空垂直向下进行拍摄，这时无人机摄像机的镜头就像一台扫描仪，平稳地移动镜头实现俯拍全景，以此清楚地交代环境和风景。如俯瞰社区的环境、从空中跟踪监控车辆等。还有一种不错的拍摄方式是使用鸟瞰视角，渐渐飞高并与拍摄对象拉开一定的距离，揭示出对象所在环境的宽广和规模，可谓“不畏浮云遮望眼，只缘身在最高层”，美景尽收眼底。

实战强化

选取校园景色中的一角，可以是教学楼、操场，也可以是大门等，使用本任务中所讲的 5 种镜头拍摄方式进行拍摄，展现校园风光。对比不同拍摄方式的特点，说一说哪种拍摄方式更适合于所拍摄场景。

项目评价表

本项目的学习已经全部完成，大家给自己的学习打个分吧，同时登记小组评分和教师评分，最后按自我评分 30%，小组评分 30%，教师评分 40% 的比例计算合计得分。

小组评分和教师评分时不光要考虑任务完成情况，还要综合考虑其小组的合作、沟通能力，工作态度等职业素养。

任务名称	评分内容	分值	自评分	小组评分	教师评分	学习体会
航拍校园人文	步骤 1	10				
	步骤 2	10				
	步骤 3	10				
	步骤 4	10				
	步骤 5	10				
航拍校园风光	步骤 1	10				
	步骤 2	10				
	步骤 3	10				
	步骤 4	10				
	步骤 5	10				
合计得分：						

项目2　航拍壮丽山河——镜头编排技巧

项目描述

最近不少人迷上了央视纪录片《航拍中国》，震撼于无人机的空中视角。该片立体化展示了我国自然地理风貌，全景俯瞰一个观众既熟悉又新鲜的美丽中国。因此，无人机协会发起了一个“玩转无人机·寻访美丽浙江”的活动。本项目将通过秀美山川、蜿蜒河流两个任务，深入学习无人机拍摄的摄像技巧，根据所需的连贯画面效果，对操作方法及镜头运动方式进行组合、编排，并融入影像创意设计，从而实现理想的影片风格。

任务1　航拍秀美山川

任务分析

本任务将学习无人机拍摄中根据具体景物进行的组合拍摄，根据具体实践了解无人机镜头的基本编排方法。将通过选择拍摄地点、编排拍摄运动方式、实施拍摄、镜头的补充调整这4个步骤来分析，综合考虑拍摄计划。事先研究、规划好成熟的拍摄思路，设计、编排好场景，并赋予合理的影像创意，体现出无人机拍摄的特点。

任务实施

步骤1　选择拍摄地点

本次拍摄地点为会稽山。绍兴城东南的会稽山是中国历代帝王加封祭祀的著名镇山之一，也是中国山水诗的重要发源地之一，历代文人雅士留下了众多诗文佳作。

会稽山下的大禹陵碑立于明嘉靖十九年，碑亭飞檐翘角、气宇轩昂。享殿就位于陵碑后面，穿过茂密树木，便可一窥全貌了。

位于石帆山顶的大禹铜像高达21米，重118吨，气势宏伟，石帆山顶的绝佳位置可将会稽山麓的美景尽收眼底。

步骤2　编排拍摄运动方式

根据大禹陵碑和大禹铜像这两个拍摄地点的特点以及拍摄内容的特点，进行了拍摄编排，分镜头脚本见表5-2-1。

表 5-2-1　分镜头脚本

镜头	航拍手法	航拍镜头
1	展示镜头：操控无人机向前飞行，并拉升无人机高度	
2	飞行穿越：穿越树林，展现全貌	
3	环绕拍摄：操控无人机环绕拍摄目标	
4	向后拉升：操控无人机向左后方拉升，展现全貌	

步骤3　实施拍摄

到达拍摄地点后操控无人机，根据拍摄脚本进行拍摄。拍摄的镜头如图 5-2-1 ～图 5-2-4 所示。

图 5-2-1　镜头 1

图 5-2-2　镜头 2

图 5-2-3　镜头 3

图 5-2-4　镜头 4

步骤4　镜头的补充调整

基本镜头拍摄完成后，检查拍摄内容，对拍摄效果不佳的镜头进行补充拍摄。

必备知识

目前，无人机飞行相对来说比较自由，利用无人机摄像也少了很多传统摄像所带来的限制。拍摄一段素材不可全盘采用自由飞行的方式，这显然将是杂乱无序的。运用自由飞行并综合其他固定的拍摄手法，这样的作品会更加灵动，也更加精彩。

本任务需要把视频拍摄分解成一个有计划、有编排的镜头运动的组合。熟悉各种镜头运动方式，但切记不要随意切换镜头运动，以免给观众造成眼花缭乱的感觉。摄像中有个“十秒法则”，即拍摄的每个镜头不少于 10s，这样做的目的是为后期留下剪辑空间。

1．无人机摄像的像素要求

常见的分辨率有 720 像素、1080 像素。720 像素代表高有 720 个像素，宽有 1280 个像素，分辨率为 720 像素 ×1280 像素。1080 像素代表高有 1080 个像素，宽有 1920 个像素，分辨率为 1080 像素 ×1920 像素，适于任何电视播放，但由于像素有限，没有足够的像素对画面进行稳定，在后期制作中修改的余地较小。4K 的分辨率为 2160 像素 ×3840 像素，这也是目前无人机摄像所能获得的最大分辨率。设置为最大像素，便于后期对视频画面的处理，当然这需要更高性能的计算机设备。因此，在使用中要灵活选择符合作品要求的分辨率。

2．无人机摄像的三个组成部分

（1）预备起幅阶段

无人机向拍摄对象移动并做好拍摄准备，就像在舞台的台阶上候场，随时准备正式演出。在进入正式场景前，留一小部分预热的空间，以保证拍摄画面的延续性。预备起幅阶段所需要做的准备就是选好无人机出发的位置，调整好机载摄像机的方向，确定拍摄的画面范围。在正式拍摄之前，也可以像晚会彩排一样先踩点，预先有一个构想和计划。本阶段最主要控制的就是无人机的起降、机载摄像机方向的调整以及摄像方案的确定。

（2）过程拍摄阶段

这个阶段拍摄的内容就是无人机拍摄所需的核心素材。需要按照原先编排的动作进行拍摄，不建议再做画面的调整。在拍摄过程中，操控者本身要均匀呼吸，平稳缓慢地调整摇杆，面对镜头上出现的画面有预见性，并对画面略微调整。如果在拍摄时发现有更好展现主体的方法，也要避免随意更改操控命令。可以在按照既定方案拍摄结束后，重新设计、编排，精益求精。

（3）收尾落幅阶段

按照既定方案完成预期素材的拍摄后，不要立即停止飞行，需要沿着原来的轨迹和方向持续几秒钟，从而完成拍摄的收尾，总而言之，就是需要使整个动态顺畅，给后期剪辑的工作人员留有余地。一般情况下，在剪辑素材的时候，遇到的普遍都是容量较小、时长较短的片段，这时候需要多预留几秒，但如果拍摄的素材本身都是时间冗长，而且是平铺直叙的镜头，就没有必要再进行预留。

3. 风格与编排

无人机拍摄山景可根据山势的不同来选择画幅，想突出山的开阔、深远时，可选择横画幅，取其中远景。如要体现山的高大、奇、险，可采取竖画幅，取其中近景。拍摄山景以天空为背景时，一般天空比例不可过大，以免喧宾夺主。如天空中有瑰丽的云彩则可考虑多拍些天空。拍摄山景时，常用树木、花草、流水等作为前景形成质感，前面所说到的展现拍摄的手法在这里应用就非常合适，无人机拍摄多以颜色、明暗的对比来增强画面的空间感，增加作品的艺术感染力。在山景的拍摄中，最主要的一点就是要熟练运用光线进行拍摄。使用顺光能使画面明亮，山体的色彩充分还原，不过立体感较差，为突显立体感可合理选用环绕拍摄、飞越拍摄等动态。

实战强化

请选择家乡的山川作为拍摄地点，根据山川特点，编排一组镜头，完成分镜头脚本，利用无人机进行拍摄，体现山川之美。

任务2　航拍蜿蜒河流

任务分析

本任务将进一步了解无人机镜头的基本编排方法。具体通过选择拍摄地点、编排拍摄运动方式、实施拍摄和镜头的补充调整这4个步骤来分析，综合考虑拍摄计划。然后充分考虑无人机摄像的镜头设计和影像创意要求，根据实际案例进行设计、编排。学习了基础操作之后，需要进行一些案例的综合性练习。无人机摄像的构思，既是指有一定的情节故事，也是指本质上形象或抽象，但具有地域感和连续性的故事。要讲好故事总是需要一个过程的。

任务实施

步骤1　选择拍摄地点

河流两岸是连绵起伏的群山，一座大桥跨河而立，近可看大桥上的车、人、河流的水波涟漪；远可看山峦与河流蜿蜒而去，因此选择这里作为第一个拍摄地点。

第二个拍摄地点是河流上正在激烈进行的划船比赛，锣鼓喧天、人声鼎沸，一支支队伍飞快地划过，好不精彩。

步骤2 编排拍摄运动方式

根据这两个拍摄地点的特点以及拍摄内容的特点，进行了拍摄编排，分镜头脚本见表5-2-2。

表 5-2-2 分镜头脚本

镜头	航拍手法	航拍镜头
1	移动拍摄：操控无人机沿大桥方向飞行拍摄	
2	向后拉升：操控无人机向后拉升	
3	半环绕拍摄：操控无人机向前飞行，并做一个180°转弯	
4	悬停拍摄：操控无人机悬停在半空中，拍摄比赛场景	

步骤3 实施拍摄

到达拍摄地点后操控无人机，根据拍摄脚本进行拍摄。拍摄的镜头如图5-2-5～图5-2-8所示。

图 5-2-5 镜头 1

图 5-2-6 镜头 2

图 5-2-7 镜头 3

图 5-2-8 镜头 4

步骤4 镜头的补充调整

基本镜头拍摄完成后，检查拍摄内容，对拍摄效果不佳的镜头进行补充拍摄。

必备知识

1．摄像构图的特点

摄像构图不同于摄影构图，它是连续性的构图，因为被摄物体是在运动中的，因此，它也是一种造型艺术。摄像构图具有以下特点：

1）运动性：在摄像构图中运动性主要存在两种形式：静态、动态，这也是与静态镜头和动态镜头相呼应的。静态，通常便于表达操控者的主观思想，对被摄物体是一种强调作用。而动态形式，则表现一些比较现实、比较整体的内容，突出画面的流畅，以建立全新的感官体验。

2）一致性：视频片段由若干张图像组成，应注意作品前、中、后的构图风格是否一致，精致视频的在每一帧都将是一副美好的画面，所有的构图都具备一种仪式感，将画面中的所有元素灵活组合，充分表达。其实这是在追求视觉风格的一致性，当然偶尔穿插一些其他的构图形式也是可以的。一致是相对的一致，并不是刻意的一致，以免弄巧成拙，过分追求，反而显得刻板。

3）丰富性：无人机拍摄追求的是对被摄物体的立体展现和完整表达。因此需要丰富的视点、丰富的角度，充分观察被摄物体的特征，从而制定调度无人机的计划。要充分明白无人机最大的优势就是视点丰富、角度丰富。任何构图都建立在客观的物质基础之上，场景决定了构图的风格，但拍摄者可从视点、角度的丰富性上做文章。当然，操控者需要有一双“发现美”的眼睛，这样才能在丰富性中创造视觉的新鲜感。

4）稳定性：画面比例的标准是通用的，相对来说比较固定。通常的画幅有 4:3 或 16:9，在拍摄前应清楚拍摄的画面所对应的播出环境。一旦在方案中确定了构图，在后期就无法大幅修改，所以在拍摄前就应把画面的构图考虑清楚。

2．构图的应用

河岸空间布局有两种形式，横向构图与纵向构图，各自有不同的效果。横向构图可以展现开阔感，更适合较平直的河岸。按照三分法布局安排河岸线的位置，能轻易营造出画面的层次。横向构图的缺陷在于纳入景物过多，对河岸两侧景物的简洁、美观性要求较高，画面很容易杂乱，或出现煞风景的景物。而纵向构图则可传达出河流的深远，透视效果也使得画面具有显著的空间纵深感，同时也能有选择、有侧重地表现河岸景物。在构图时恰当安排前景、中景和背景的空间布局，让三者之间能够自由切换、互相呼应，以取得最好的画面效果。

3．河流拍摄的角度

应该尽可能选择河流的正中或者对角线角度，这样可以使画面获得更强的纵深感。追逐拍摄、鸟瞰拍摄都是拍摄湖泊时不错的选择，而且最好选择光位较低、斜射水面的时候，这样可以使整个湖泊显得清晰，又具有层次感，并且水域四周的景物会在水面形成清晰的倒影，带来很强的美感。

例如，纪录片《鸟瞰中国》中对上海的立交桥进行垂直俯拍，呈现出发达的路网交通和快节奏的都市场景。在高处俯拍河流全景，展示其河岸蜿蜒的曲线美，也是拍摄河流的一种常见方式，画面会具有韵律性的视觉美感。

实战强化

请选择家乡的河流作为拍摄地点，根据河流特点，编排一组镜头，完成分镜头脚本，利用无人机进行拍摄，展现河流之美。

项目评价表

本项目的学习已经全部完成，大家给自己的学习打个分吧，同时登记小组评分和教师评分，最后按自我评分 30%，小组评分 30%，教师评分 40% 的比例计算合计得分。

小组评分和教师评分时不光要考虑任务完成情况，还要综合考虑其小组的合作、沟通能力，工作态度等职业素养。

任务名称	评分内容	分值	自评分	小组评分	教师评分	学习体会
航拍秀美山川	步骤 1	5				
	步骤 2	20				
	步骤 3	20				
	步骤 4	5				
航拍蜿蜒河流	步骤 1	5				
	步骤 2	20				
	步骤 3	20				
	步骤 4	5				
合计得分：						

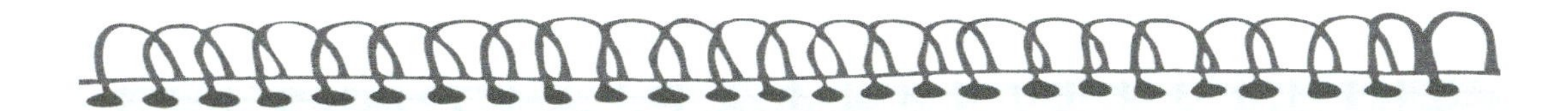

单元检测

1. 操控无人机向后拉升的操作方法是________________。

2. 操控无人机向前飞行并向右转弯的操作方法是_______________。

3. 镜头分为____________镜头和____________镜头。

4. 无人机拍摄的镜头运动有____________、____________、_____________、____________、____________5 种基本方式。

5. 无人机摄像的 3 个基本组成部分分别是____________、_____________、____________。

单元小结

本单元通过航拍校园人文、航拍校园风光、航拍秀美山川、航拍蜿蜒河流 4 个任务进行训练，掌握无人机拍摄的操控方法及镜头运动方式。要想拍出漂亮的视频，就要将科学和艺术完美地结合起来。优秀的航拍摄影师应对设备的工作原理了如指掌，拍摄前需要充分考虑环境因素，对镜头运动方式进行编排与设计，融入影像创意设计，制定周详的拍摄计划，这样才能确保无人机在空中拍摄时通过恰当及时地调整、设置来捕捉连续的图像，从而实现理想的摄像效果。因此，只有掌握充分的信息、做好充足的准备，才能灵活运用无人机拍摄的摄像技巧拍摄出满意的作品。

第6单元

无人机拍摄的后期制作

单元概述

本单元将学习无人机拍摄的后期制作。在完成前一单元的无人机拍摄学习后，本单元将学习如何对拍摄的图片素材、视频素材进行合理制作与编辑，能更好地展示给观众。包括无人机拍摄的素材收集整理、素材导入、素材预览、素材编辑、制作导出等后期制作技巧。掌握这些后期制作技巧，就拥有一定的无人机素材处理能力。本单元包括两个项目，项目一主要学习对拍摄的图片处理，项目二主要学习对拍摄的视频处理。

学习目标

本单元将对无人机拍摄的图片、视频的后期制作技术进行介绍。通过本单元的学习可以掌握拍摄素材的处理方式；掌握无人机拍摄图片和视频后期处理的基本操作，并制作出相关的作品，增强学习无人机拍摄的信心。

项目 1　处理无人机拍摄的图片

项目描述

上一单元学习了无人机拍摄后，肯定会获得不少拍摄素材，其中包括摄影图片。接下来本项目将学习如何收集图片；了解 Lightroom 软件的基本操作；学会使用 Lightroom 软件对拍摄图片进行处理。

任务 1　初识 Lightroom 

任务分析

当需要对无人机拍摄的摄影素材进行后期制作时，应该选择一款专业的摄影图片处理软件，而 Lightroom 就是一款专业的摄影图片调整软件，能够将数码摄影师工作流程中所进行的照片后期处理方式都结合在一起。虽然每个摄影师的习惯不同，制作图片后期的流程也不同，但是 Lightroom 软件中“修改图像”模块右侧面板涉及的裁剪、滤镜、基本、镜头调整等各个面板都是摄影师常用的图片后期处理方式。本任务就是对软件界面、图片导入、图片管理进行初步的介绍与使用。

任务实施

步骤1　认识Lightroom软件

Adobe Photoshop Lightroom 是 Adobe 公司开发的一款图片后期制作软件，简称 LR，是目前企业设计人员、数码达人、摄影爱好者使用的流行数码照片处理软件，支持多种图片格式，有强大的校正工具、组织和管理图片功能。

Lightroom 与 Photoshop 有很多相通之处，但定位不同。LR 的定位是一款专门的图片后期调整软件，图像校正更容易、更直接，是为摄影师量身定制的软件，而对于平面设计师而言 PhotoShop 更好一些，Photoshop 的很多功能 Lightroom 并没有提供，如选择工具、照片瑕疵修正工具、多文件合成工具、文字工具和滤镜等。

步骤2　导出无人机拍摄素材

拍摄完成后，需要把视频和图片从无人机中取出，将其存入计算机。根据无人机的品牌和型号，读取素材的方法主要有以下几种：

方法 1：通过手机 APP 连接无人机，然后进入浏览界面，选择需要的视频或图片同步到手机中，再从手机发送到计算机上。

方法 2：通过无人机所带相机的接口连接计算机，一般无人机所带的相机接口是 USB 接口，目前常见的有 Mini-USB 接口、Micro-USB 接口，也有一些是 HDMI 接口。

取下无人机所带相机的 SD 卡，目前常见的有 Micro-SD 卡，利用 SD 读卡器连接计算机读取拍摄的视频或图片。

常见的无人机所带 GoPro 相机有 HDMI 接口、Micro-USB 接口以及 Micro-SD 卡槽如图 6-1-1 所示。

图 6-1-1　常见的无人机所带 GoPro 相机

步骤3　打开Lightroom软件

将图片素材导入计算机后，需要将图片导入 Lightroom 软件，有效地管理和进行后期制作，接下来将以 Lightroom 5 软件为例，将拍摄的幼儿园亲子活动照片导入。

首先，双击 Lightroom 图标打开 LR 软件，加载过程如图 6-1-2 所示。

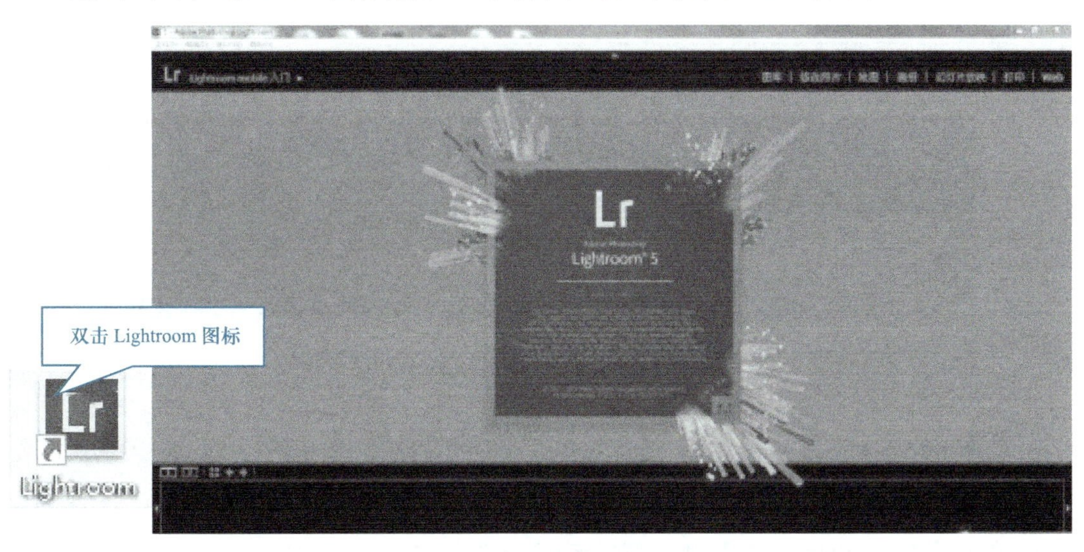

图 6-1-2　打开 Lightroom 软件

当 LR 软件加载完成后进入 LR，界面如图 6-1-3 所示，此时所看到的界面是 LR 安装完成后第一次进入的界面，处于图库窗口状态。

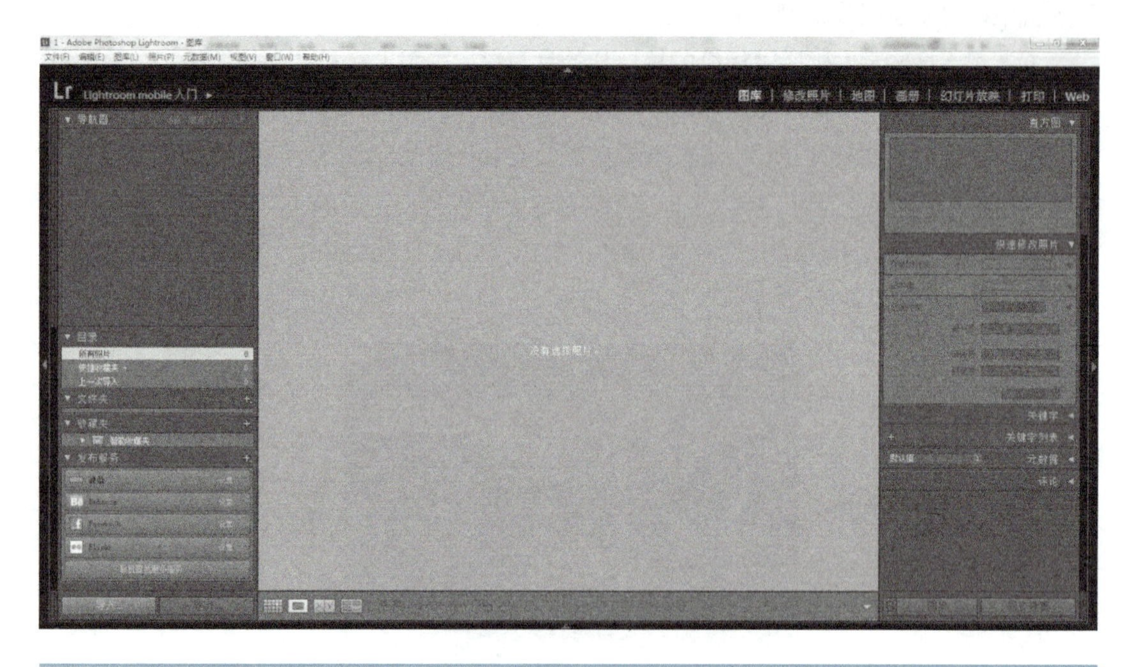

图 6-1-3　Lightroom 界面

步骤4　图库状态

单击图库窗口状态下的“导入”按钮，按钮位于该窗口的左下角，若没有处于图库窗口状态可以单击模块选取器中的“图库”按钮，矩形框标记处“图库”显示为白色就是处于图库状态，如图 6-1-4 所示。

图 6-1-4　图库状态

在弹出的导入窗口左侧源中，选择需要导入的照片路径，中间照片窗口中勾选所需要导入的照片，然后单击右下角的“导入”按钮，如图 6-1-5 所示。导入完成后如图 6-1-6 所示。若想追加更多照片可以再次用相同的方法，单击“导入”按钮继续导入。

图 6-1-5　图片导入

图 6-1-6　图片导入后界面

步骤5 网格浏览状态

浏览照片，在胶片显示窗格单击图片，就可以在过滤器栏更换需要浏览的图片，也可以单击“网格”按钮，过滤器栏放大状态浏览更改为网格浏览状态，如图 6-1-7 所示。

图 6-1-7 网格浏览状态

必备知识

1. Lightroom界面介绍

Lightroom 界面有菜单栏、过滤器栏、模块选取器、胶片显示窗格等，如图 6-1-8 所示。LR 软件主要有 7 个功能模块，分别是“图库”“修改照片”“地图”“画册”“幻灯片放映”“打印”和“Web”，每个模块都针对摄影工作流程中的某个特定环节，例如，本任务中使用的“图库”模块用于导入、浏览、筛选照片，任务二中“修改照片”模块用于调整照片色调或对照片进行创造性的处理。

图 6-1-8　Lightroom 界面介绍

图 6-1-8 中标号分别为：1→菜单栏，2→身份标识，3→过滤器栏，4→模块选取器，5→左侧面板，6→照片显示处理工作区，7→右侧面板，8→工具栏，9→胶片显示窗格。

2．常见的图像格式

（1）RAW 格式

RAW 格式的特点是感光元件上所有的信息都会被储存下来，无论是相机内置的处理器还是后期的处理操作都不能改变它的图像信息。这使得 RAW 文件能有一个最大限度的对比度范围和最高的技术质量以及巨大的灵活性，即在后期处理过程中的任何时候都可以重新访问原始数据。

（2）DNG 格式

DNG 格式是 Adobe 开发的一种图像文件格式，旨在统一各种不同 RAW 文件开放的 RAW 格式标准。虽然一些相机已经把它作为一种可选的拍摄格式，但并没有得到广泛的应用。用相应的转换器就可以把各种 RAW 文件转换为 DNG 文件，如 Lightroom。有两种转换方式：一种是把 RAW 文件导入到 DNG 文件中，就可以继续访问原来的 RAW 文件，但是这样文件就明显变大了；另一种是进行完整的、彻底的转换，这样文件的大小几乎不变。

（3）JPEG 格式

JPEG 标准中原本包括多种文件格式，但是实际上只有其中的一种被应用于数码摄影。

这种格式的特点是图像文件非常小，压缩比例可自由选择。因其较小的存储空间占用量，JPEG 格式成了互联网中显示图像的标准格式。

实战强化

请将无人机拍摄的照片导入到 LR 软件中，并进行浏览。

任务 2　调整图片色彩

扫码看视频

任务分析

无人机拍摄的图片因机型不同、拍摄时的天气、光线、环境等也不同，拍摄出来的照片可能不尽如人意。那么就需要通过 LR 软件进行图片后期处理，LR 软件处理图片的功能非常强大，本任务就简单介绍一下如何将拍摄的图片进行合理裁剪，并将在冬天的操场拍摄的黄色草地通过调整变成绿色草地。

任务实施

在完成图片导入以后，需要对图像进行后期处理，拍摄图片处理前与处理后的对比如图 6-1-9 所示。后期制作步骤如下：

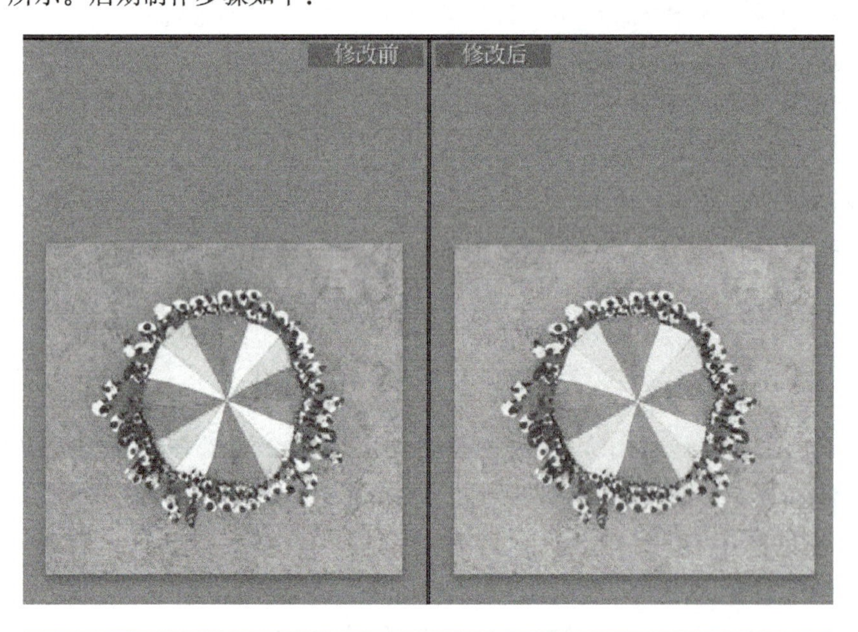

图 6-1-9　任务完成前后对比

步骤 1　单击模块选取器的“修改照片”按钮，如图 6-1-10 所示。

图 6-1-10　单击“修改照片”按钮

步骤 2　单击菜单栏的“照片”→“逆时针旋转”命令，将图片进行旋转，如图 6-1-11 所示。

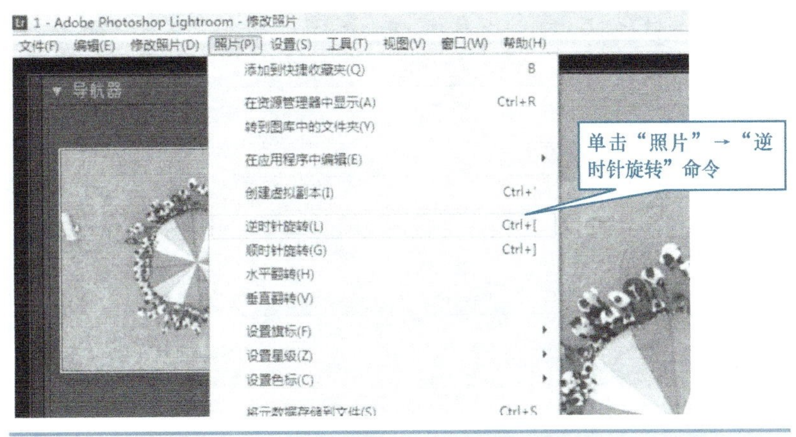

图 6-1-11　单击“照片”→“逆时针旋转”命令

步骤 3　单击右侧面板中的“裁剪叠加”按钮，图片工作显示区显示裁剪状态，如图 6-1-12 所示。

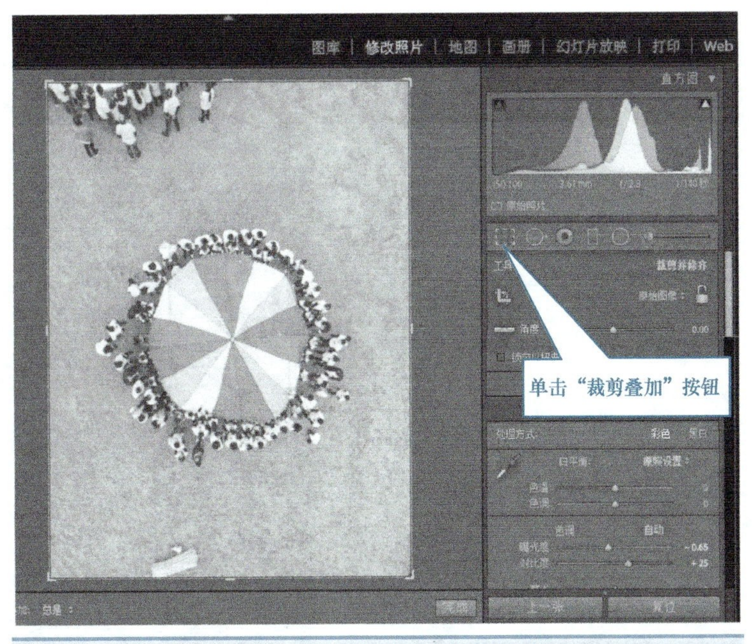

图 6-1-12　单击“裁剪叠加”按钮

步骤 4　在图片工作显示区，将鼠标移至裁剪状态线上，通过鼠标拖动裁剪状态线进行裁剪，如图 6-1-13 所示。获得合适裁剪效果后，单击“完成”按钮。

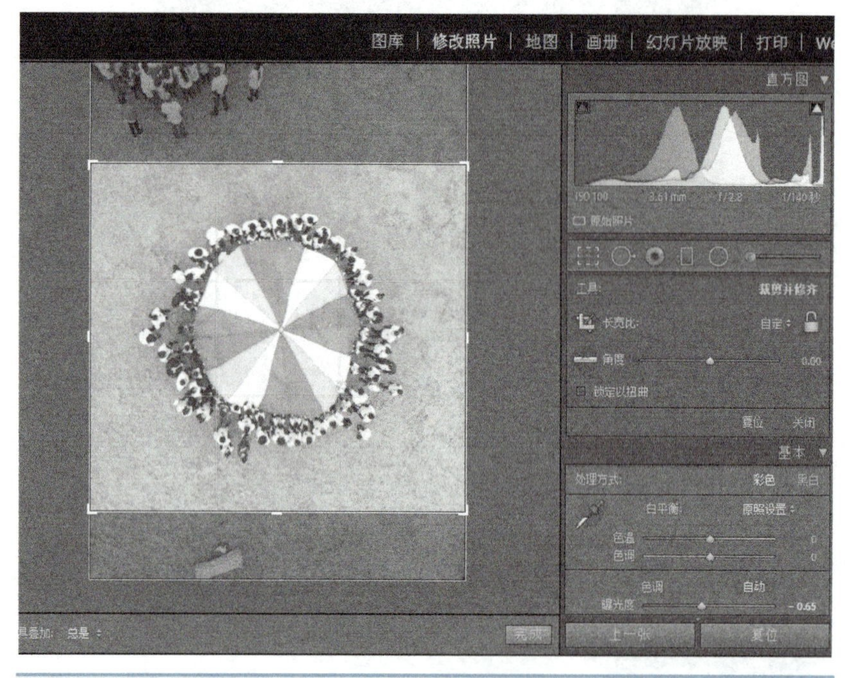

图 6-1-13　图片裁剪

步骤 5　对图片进行调整处理，首先调整右侧面板中的色温、色调、曝光度、对比度、清晰度、鲜艳度、饱和度等，将冬天黄色的草地转变成为绿色草地，调整曝光度为 –0.65，对比度为 +25，白色色阶为 +23，黑色色阶为 +1，如图 6-1-14 所示。

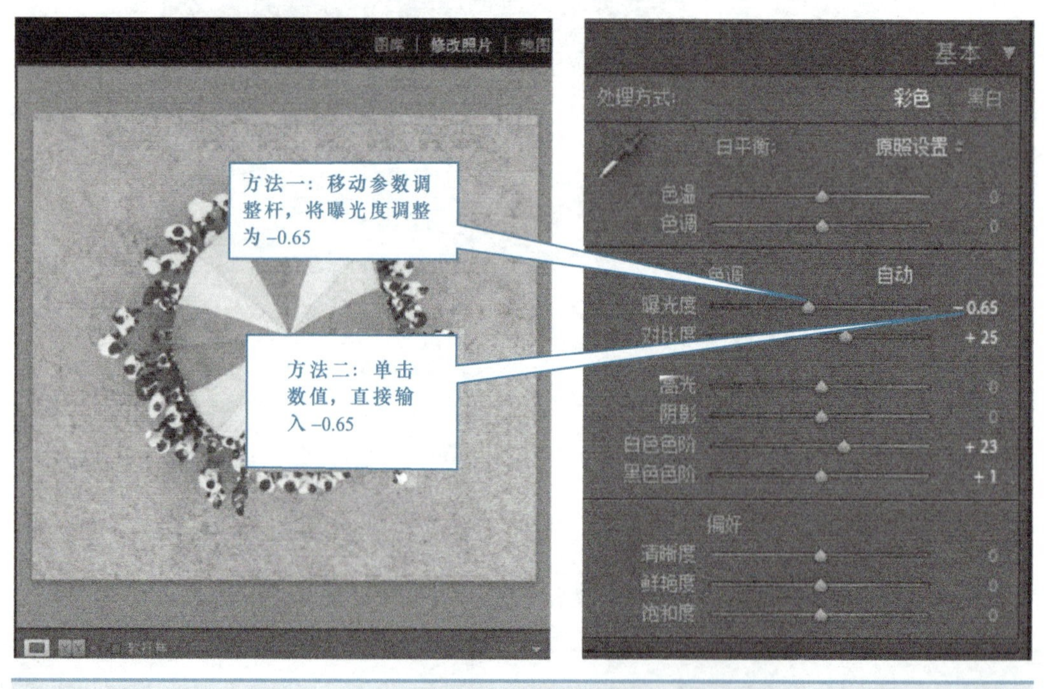

图 6-1-14　调整参数

步骤 6　单击“HSL/ 颜色 / 黑白”调整栏，将色相中的黄色、绿色增加 10，可继续对绿色进行微调整，参数前后对比如图 6-1-15 所示。

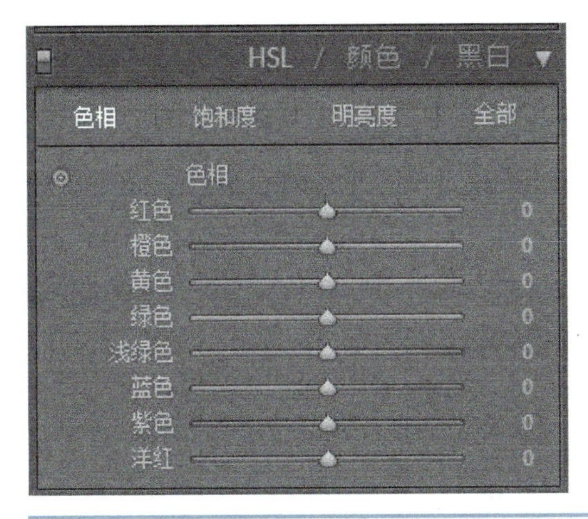

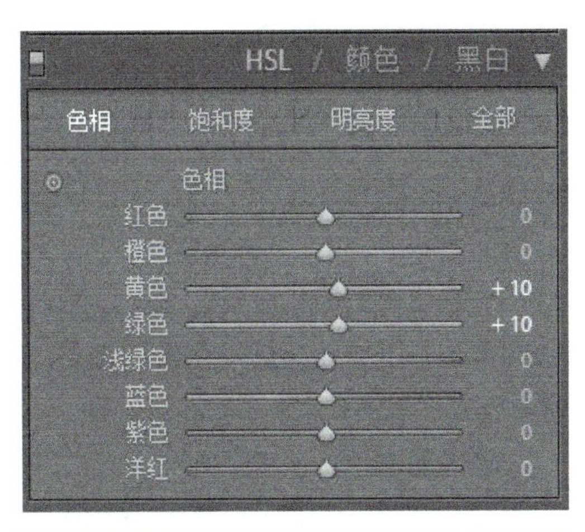

图 6-1-15　“HSL/ 颜色 / 黑白”调整

步骤 7　完成调整后需要对图片进行导出，单击菜单栏的“文件”→“导出”命令，打开导出窗口，导出操作如图 6-1-16 所示。

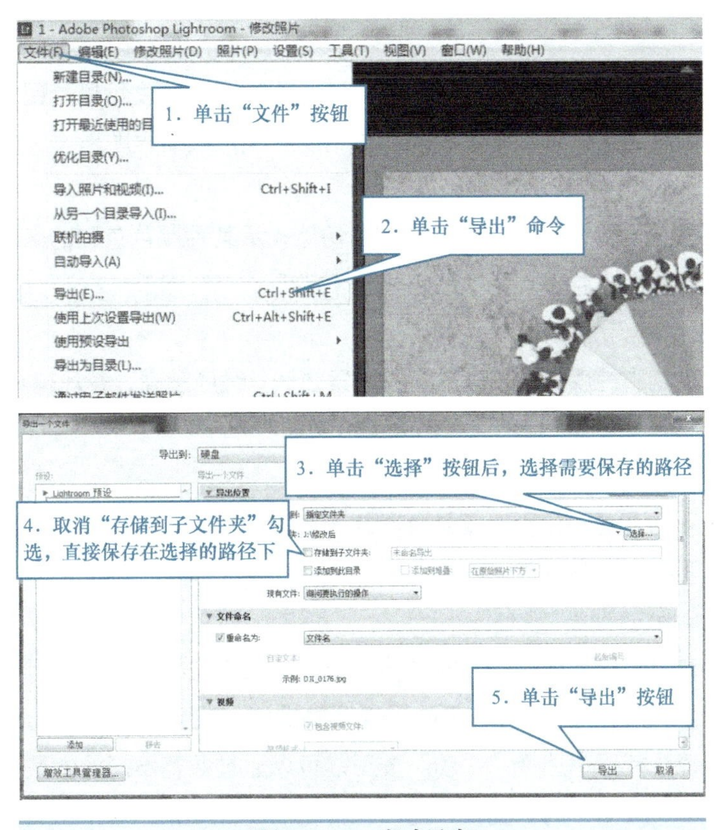

图 6-1-16　完成导出

必备知识

1．调色的常见概念

（1）色温

自然界的光线不总是相同，可感知到的一个物体颜色依赖于照射到它的光源。色温就是光源色品质量的表征，单位为开尔文（K），色温越高，光越偏冷，色温越低，光越偏暖。

（2）色调

色调是指图像的相对明暗程度，在彩色图像上表现为颜色。同样的物体如果在暖色光线照射下，物体就会统一在暖色调中。如果在冷色光线照射下，物体又会被统一在冷色调中。

（3）曝光度

曝光是摄影当中的一个概念，是相机感光元件对接收的光线所形成的图像明暗程度，曝光度就是图像明暗程度，通常图像存在曝光正确、曝光过度、曝光不足的情况。

（4）对比度

对比度指的是一幅图像中明暗区域最亮的白和最暗的黑之间亮度层级差异测量，差异范围越大代表对比越明显。

（5）清晰度

清晰度是指影像上各细部影纹及其边界的清晰程度，清晰度可以是图像从模糊到锐化的程度层级，清晰度越高，锐化程度越高，清晰度越低，模糊程度越大。

（6）色相

色相是色彩的首要特征，是指能够比较确切地表示某种颜色色别的名称，如红色、绿色、黄色等。色彩的成分越多，色彩的色相越不鲜明。

（7）饱和度

饱和度指的是色彩纯度，是色彩的构成要素之一。纯度越高，表现越鲜明，纯度越低，表现则越黯淡。

（8）明度

明度是指色彩的亮度，色彩明度是色彩的三要素之一，颜色有深浅、明暗的变化。明度越高，图像越明亮，色彩越接近白色。

2．Lightroom透视调整操作

图像的透视调整是正确还原拍摄时物体外形线条的正常视觉效果，得到与实际拍摄环境一样的视觉图像。LR 软件具有较强的透视调整功能，主要通过右侧面板的镜头校正进行调整。通常在镜头校正中选择“手动”校正，可以通过调整不同的参数来实现手动对照片透视效果的校正。页面中的“变换”选项包括扭曲度、垂直、水平、旋转、比例、长宽比。通过这些参数的调整并结合裁剪操作，可以将图片变形部分调整为正常状态。这些选

项的具体介绍如下：

扭曲度：可校正桶形或枕形扭曲并从中心向外或向内弯曲。

垂直：校正由于相机向上或向下倾斜而导致的透视。

水平：校正由于相机向左或向右倾斜而导致的透视。

旋转：用于校正照片倾斜。

比例：左右移动“比例”滑块，从四周向中心收缩或由中心向四周扩放，默认原始图片比例大小为 100%。

长宽比：向左右移动时，可以调整图像的长宽比例，使图像挤压或拉伸。

无人机拍摄时，由于无人机处于空中，拍摄时镜头可能会存在图像倾斜或者变形，这时就可以通过透视调整和裁剪使图像比例更加对称美观，如图 6-1-17 所示。除了裁剪还可以通过“镜头校正”来进行手动调整，如图 6-1-18 所示。

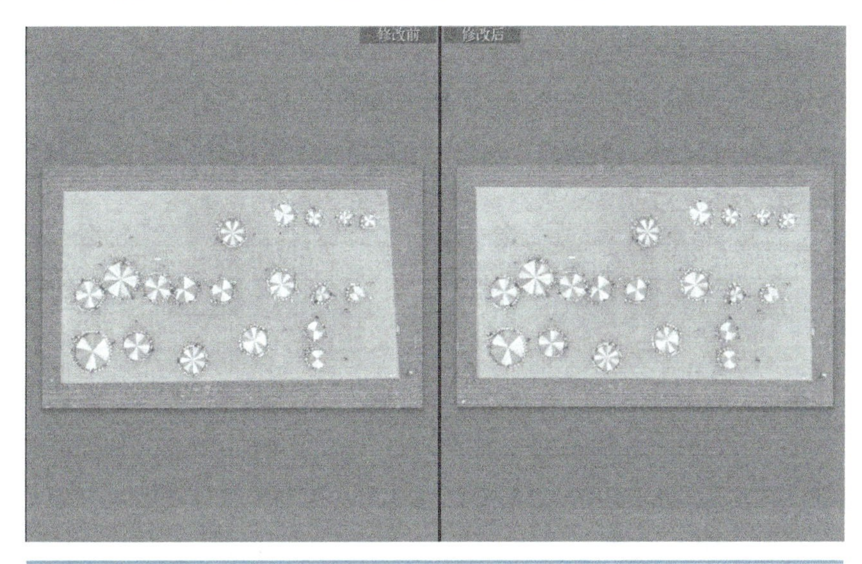

图 6-1-17　透视调整效果

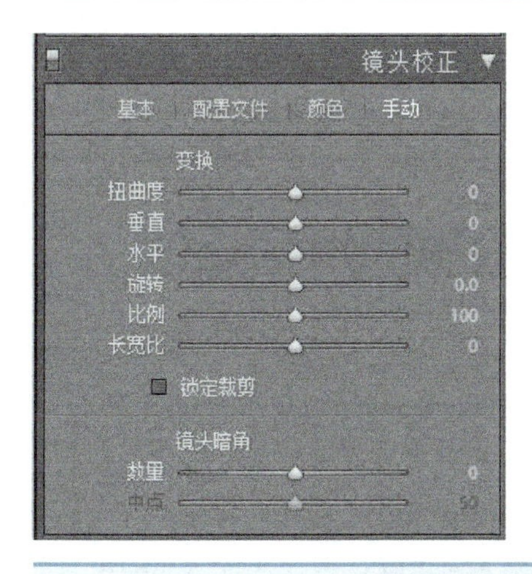

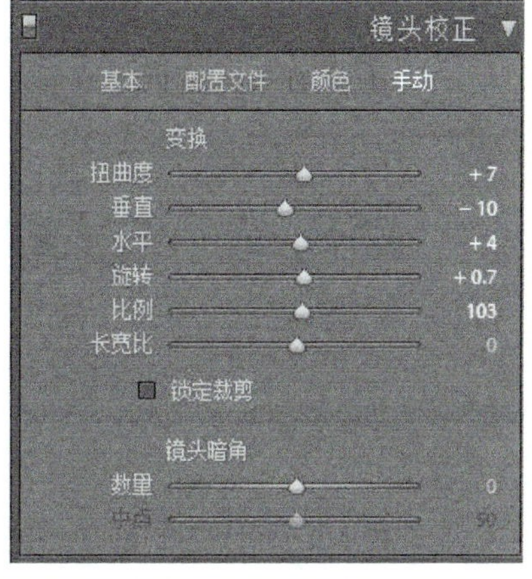

图 6-1-18　镜头校正

3. Lightroom修改前后对照

Lightroom 修改前后对照有“左 / 右两个完整版本”、“左 / 右拆分”、“上 / 下两个完整版本”、“上 / 下拆分拆”4 种不同的视图方式，同时可将照片的修改前或修改后效果进行相互复制。单击工具栏上的按钮将复制修改前的设置到修改后的设置，单击按钮则相反，而单击按钮则互换修改前后。

任务拓展

利用 Lightroom 软件对前面单元获得的无人机拍摄图片进行色彩调整。

项目评价

本项目的学习已经全部完成，大家给自己的学习打个分吧，本项目分为自我评分和教师评分，最后按自我评分 30%，教师评分 70% 的比例计算合计得分。

自我评分本着对自己负责的态度，对自己在项目中的实现情况打分，教师评分要综合考虑其沟通能力，工作态度等职业素养。

任务名称	评分内容	分值	自评分	教师评分	学习体会
初识 Lightroom	打开 LR 软件	5			
	观察 LR 界面	5			
	图库模式	5			
	导入图片	5			
	网格浏览状态	5			
	必备知识	15			
调整图片色彩	修改图片模式	5			
	旋转图片	5			
	图片裁剪	5			
	调整图片色彩	20			
	输出调整后图片	10			
	必备知识	15			
合计得分：					

项目 2　无人机拍摄的视频处理

扫码看视频

项目描述

无人机拍摄后获取的素材除了图片外还有视频，通过本项目的学习，可以了解视频剪辑软件；了解 Adobe Premiere 软件的视频剪辑基本流程；学会通过 Adobe Premiere 软件对拍摄视频进行处理，调整视频播放节奏，添加视频特效等。

任务1　实现滑动变焦效果

任务分析

在欣赏影视作品时，可能发现过一些效果非常奇妙的镜头：镜头中主体没有发生特别的变化，但是场景中所有其他物体都会按照透视的规则进行变化。这种变化，就是滑动变焦（Dolly Zoom）。很多电影中，如《指环王》《无间道》都有用到这种效果。本任务就是对滑动变焦效果进行解析和实现。

任务实施

步骤1　了解滑动变焦

通过使用 Adobe Premiere（PR）软件对无人机拍摄的视频进行处理，达到滑动变焦的效果。变焦是拍摄中较为常用的拍摄手法，而当推轨镜头（Dolly）与变焦镜头（Zoom）组合搭配进行拍摄时，就能出现较为经典的滑动变焦（Dolly Zoom）的拍摄效果。整个画面的透视、位于画面中心的主体与背景在视觉上的距离发生改变，但是主体本身的大小不会改变，能带给观众一种空间被拉伸或被压缩的奇异观感。这种奇妙的拍摄手法最初由罗马尼亚摄像师 Sergiu Huzum 提出，最早由悬念大师阿尔弗雷德·希区柯克（Alfred Hitchcock）在 1958 年的作品《迷魂记》（《Vertigo》）中使用，将片中角色的恐高感通过镜头变幻具象化。

滑动变焦的原理就是在镜头变焦的同时，使摄像机远离或移近主体，使主体在画面中尽可能保持大小不变。即在机位远离主体时，镜头向前推进，或机位接近主体时，镜头往后拉。画面就会随着变焦与运动而产生连续的透视变化。

通过前期的拍摄手法达到滑动变焦需要布置轨道等前期准备，且受场地等因素影响较大，控制合适的移动速度与焦距对拍摄者的要求也比较高。而在无人机拍摄技术日趋成熟的现在，使用无人机拍摄配合后期软件也是实现滑动变焦的一种新思路，与原来的方法相比使用无人机拍摄所受的场地限制较小，前期的拍摄过程可以更加灵活多样。缺点则是通过软件实现滑动变焦需要降低分辨率，牺牲画面质量，而多数无人机拍摄并不支持高分辨率（4K），因此在画面质量上会有所差距，并且与前期拍摄完成相比，在背景空间的展现上也有所区别。

步骤2　导出无人机拍摄的视频

打开 Premiere 导入素材视频，如图 6-2-1 所示。

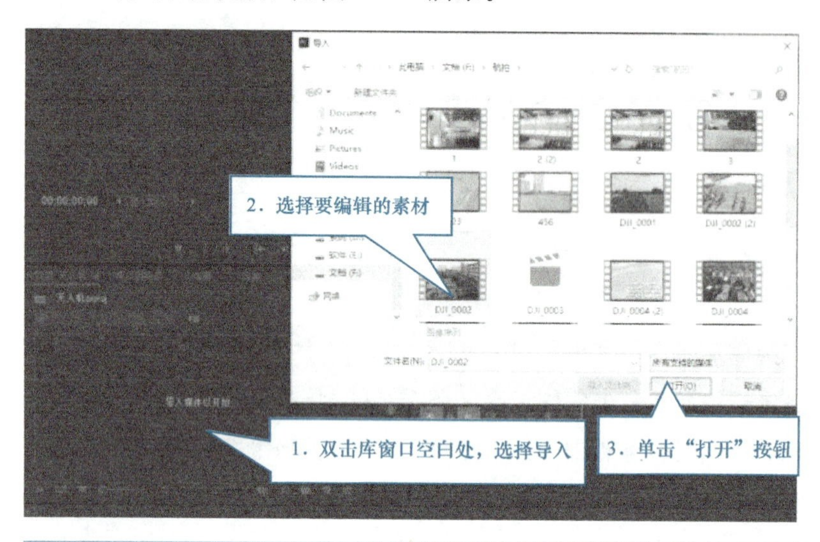

图 6-2-1　导入素材

步骤3　截取所需片段

从素材视频中截取所需片段。单击选中素材，可在源窗口预览，通过源窗口内的入点、出点标记进行快速截取，如图 6-2-2 所示。

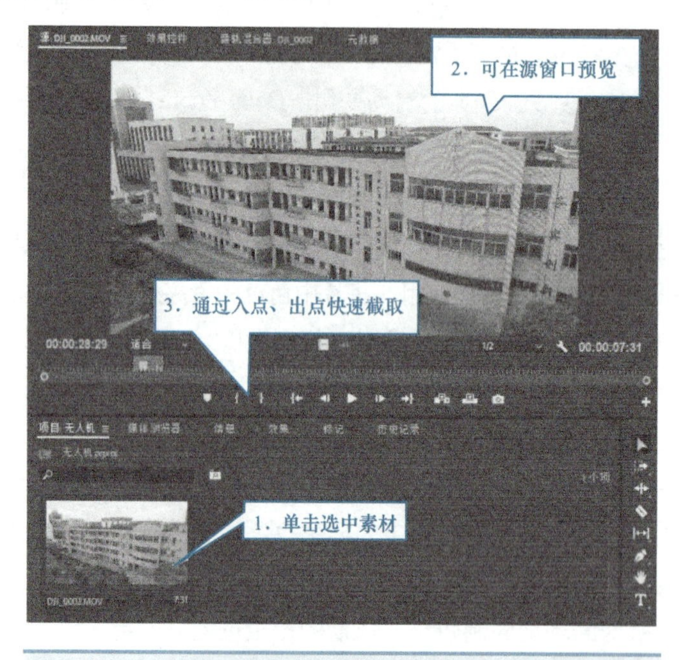

扫码看视频

图 6-2-2　截取片段

步骤4　新建序列

选中素材并右击，选择“从剪辑新建序列”命令，以确保编辑序列的分辨率、时基等参数与原素材保持一致，如图 6-2-3 所示。

图 6-2-3　新建序列

步骤5　更改序列分辨率

原视频分辨率为 1920 像素 ×1080 像素，在本任务中需降低序列分辨率以达到模拟滑动变焦的效果。右击序列，选择“序列设置”命令，如图 6-2-4 所示。

将序列分辨率更改为 720p（也可改为其他分辨率，更改后的分辨率越小，滑动变焦幅度越大，画质损失越大），如图 6-2-5 所示。

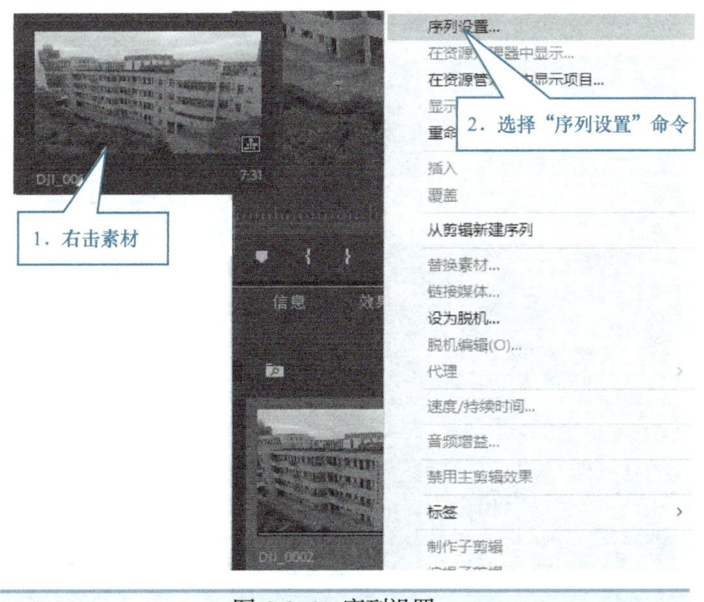

图 6-2-4　序列设置

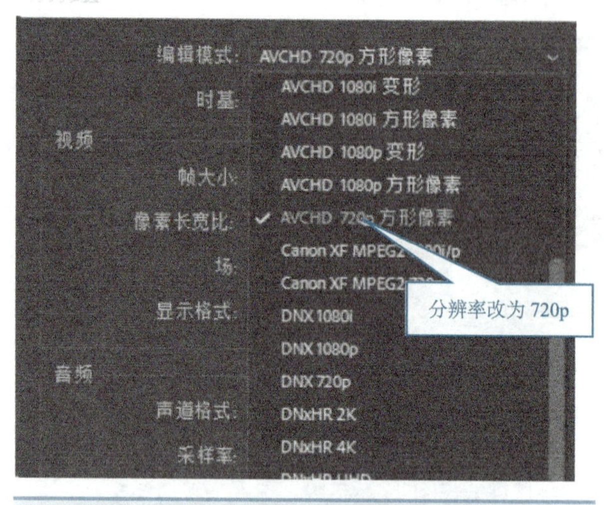

图 6-2-5　分辨率调整

步骤6　设置序列

选中序列中的片段，切换至“效果控件”界面（旧版 PR 为“特效”界面），如图 6-2-6 所示。

步骤7　设置缩放关键帧

单击“缩放”前的“秒表”按钮，开始设置缩放关键帧，如图 6-2-7 所示。

将起始帧缩放设置为 200、结束帧设置为 67，以不出现明显的画面模糊与黑边为准则，自行调整缩放比例，起始与结束帧差值越大，效果越明显，如图 6-2-8 所示。

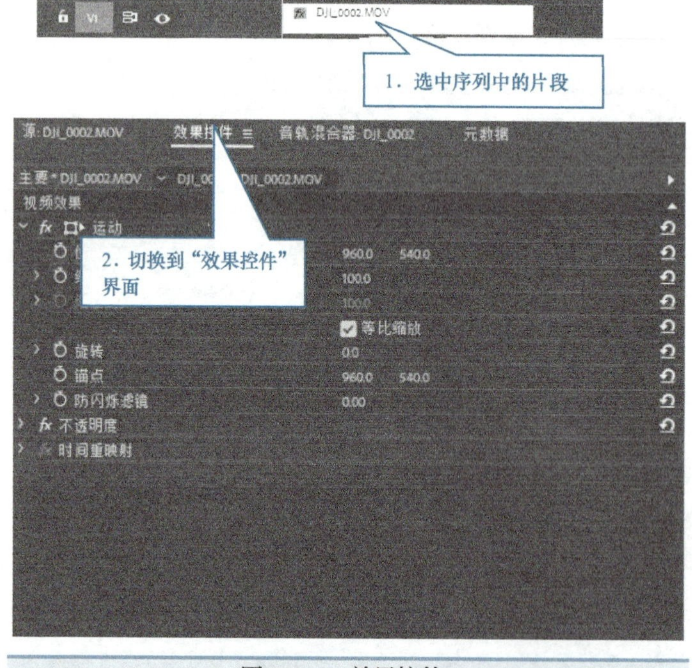

图 6-2-6　效果控件

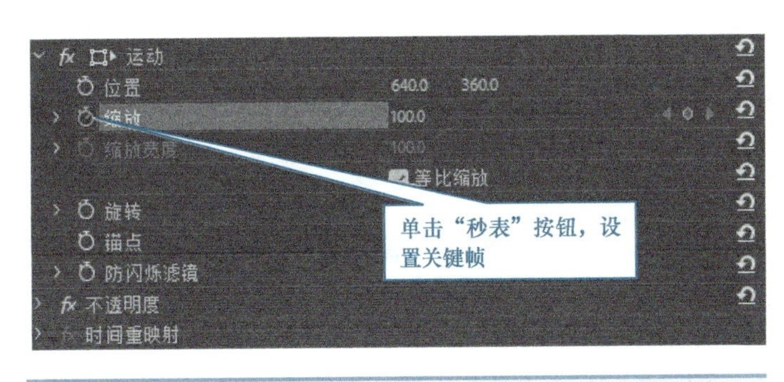

图 6-2-7　缩放效果

图 6-2-8　关键帧设置

步骤8　文件另存为

单击“文件”→“另存为”命令，对文件进行保存，可在跳出的另存为窗口中设置另存为路径与文件名，单击“保存”按钮完成文件另存为，如图 6-2-9 所示。

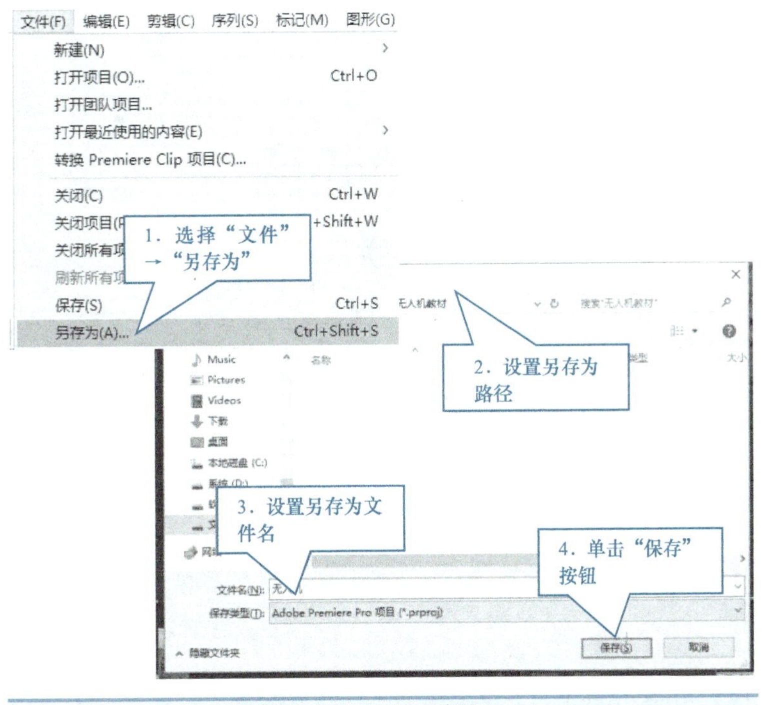

图 6-2-9　文件另存为

必备知识

视频剪辑软件种类繁多，现今较为主流的有以下几种：

1. Avid

较为强大的视频编辑软件，具有较高的稳定性与拓展性，其设计流程专为影视制作而生，学习难度较大。

2. Premiere

Adobe 家族中的视频编辑软件，稳定、高效，其最大的优势在于可以与同公司产品 AE、PS 等无缝交接。

3. Final Cut

Final Cut 是苹果公司开发的一款专业视频非线性编辑软件，第一代 Final Cut Pro 在 1999 年推出，最新版本 Final Cut Pro X 包含进行后期制作所需的一切功能。

4. Edius

Edius 软件专为广播和后期制作环境而设计，特别针对新闻记者、无带化视频制播和存储。Edius 拥有完善的基于文件的工作流程，提供了实时、多轨道、多格式混编、合成、色键、字幕和时间线输出功能。

5. Vegas

索尼公司出品，操作快捷，相比 Premiere 在音频处理上具有优势，在日本的影视行业中被较多使用。

实战强化

请根据之前拍摄的航拍视频尝试制作滑动变焦效果。

任务 2　使用贝塞尔曲线

任务分析

在任务 1 中实现了滑动变焦效果，但是很多时候会发现，简单地设置两个缩放关键帧节点所达到的线性变化效果会有一些死板，效果变化时不够圆润。因此在本次任务中，尝试使用贝塞尔曲线让效果的变化更加动态、平滑。

任务实施

步骤1　找到贝赛尔曲线

打开任务 1 保存的源文件，选中效果控件界面，右击关键帧，设置贝塞尔曲线，如图 6-2-10 所示。

步骤2　设置贝塞尔曲线

单击“位置”属性的下拉菜单，可调节关键帧处的曲线手柄，根据不同的素材自行对曲线微调至合适效果，如图 6-2-11 所示。完成后按 <Enter> 键渲染，如图 6-2-12 所示。

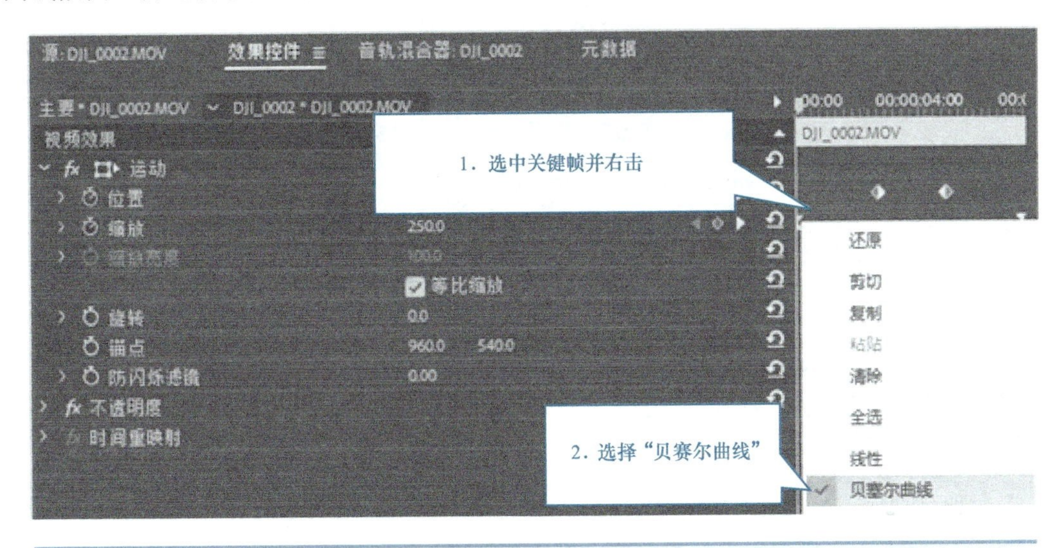

图 6-2-10　找到贝塞尔曲线

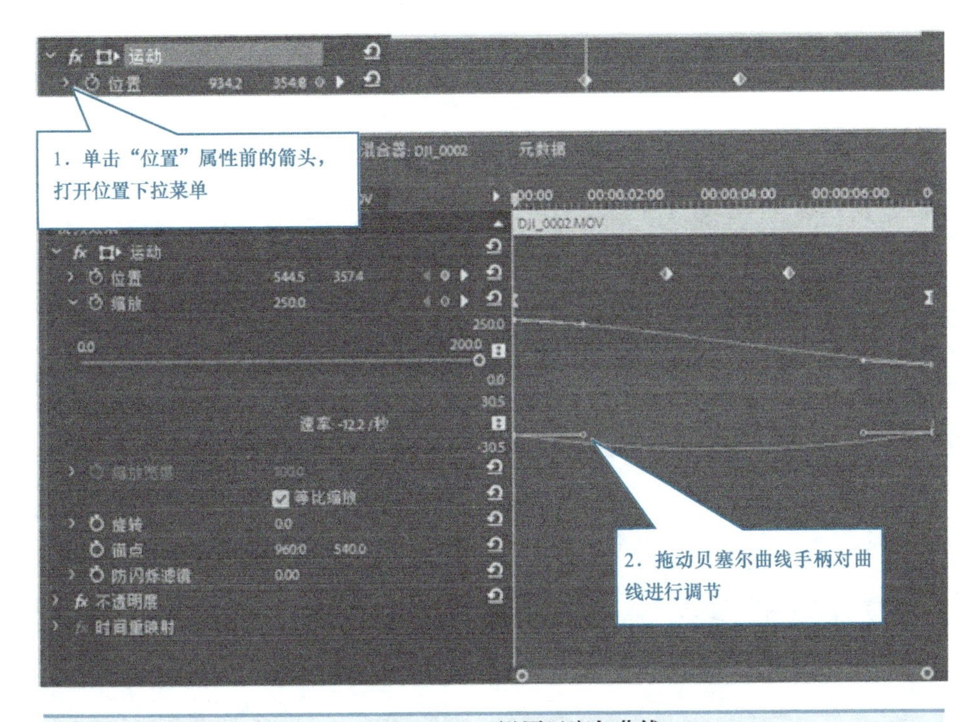

图 6-2-11　设置贝塞尔曲线

步骤3　导出设置

浏览整个视频确认无误后，选择“文件”→“导出”命令，在导出菜单中单击“媒体”命令，如图 6-2-13 所示。导出设置的格式选择为 H.264，完成任务，如图 6-2-14 所示。

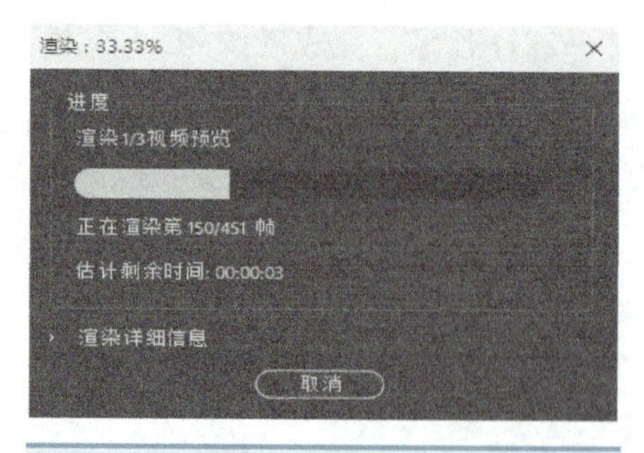

图 6-2-12　渲染

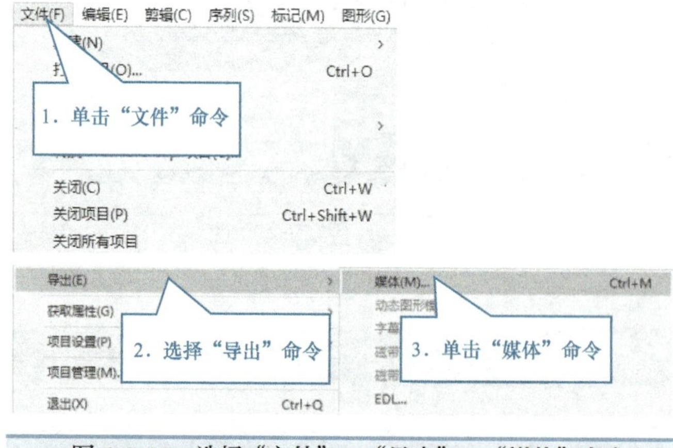

图 6-2-13　选择“文件”→“导出”→“媒体”命令

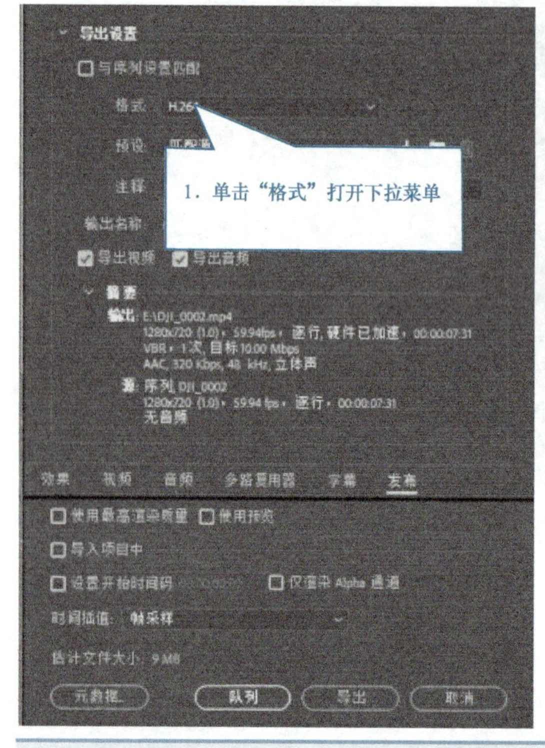

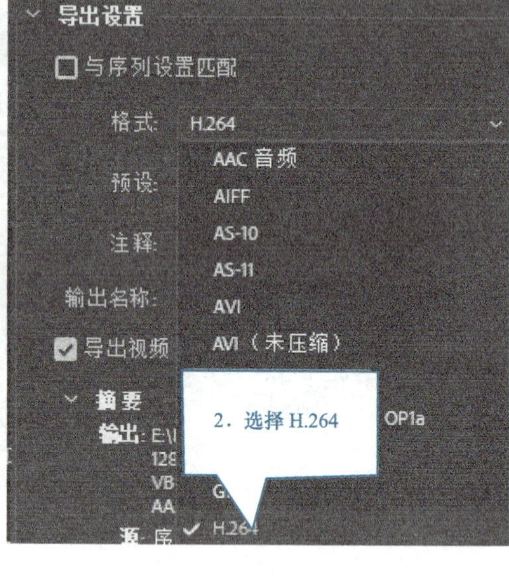

图 6-2-14　导出设置

必备知识

1. PR关键帧设置

PR 的关键帧设置是设置视频动画的重要操作，视频素材默认有运动、不透明度、时间重映射等，也可以为素材添加其他的视频效果。单击缩放属性的“秒表”按钮设置关键帧，如图 6-2-15 所示。

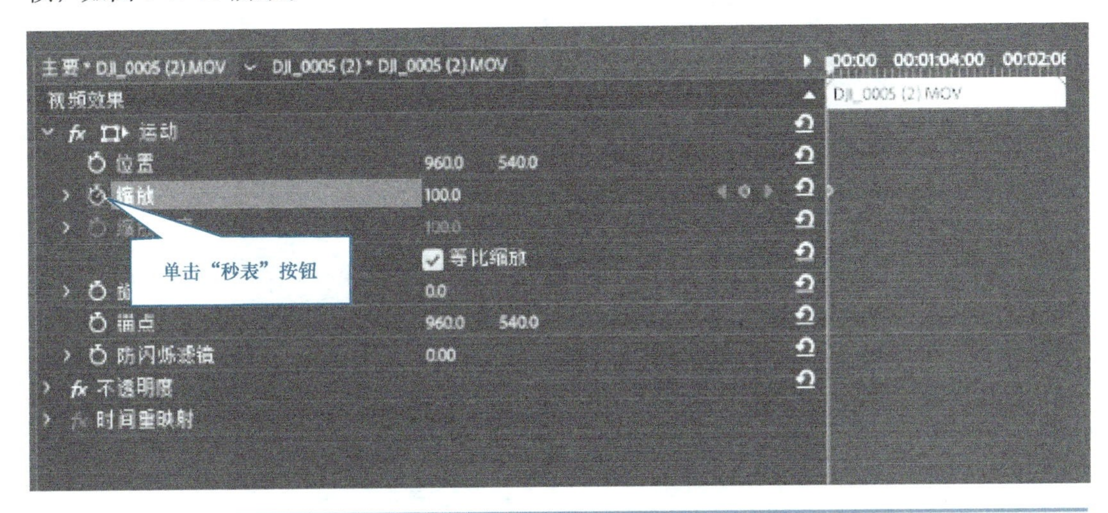

图 6-2-15　关键帧设置

2. PR导出设置与储存格式

PR 文件提供了多种视频输出格式，可以在菜单栏中选择“文件”→“导出”→“媒体”命令，如图 6-2-16 所示，打开“导出设置”窗口，如图 6-2-17 所示，在设置中可以选择需要输出的格式、相关位置、视频属性等。

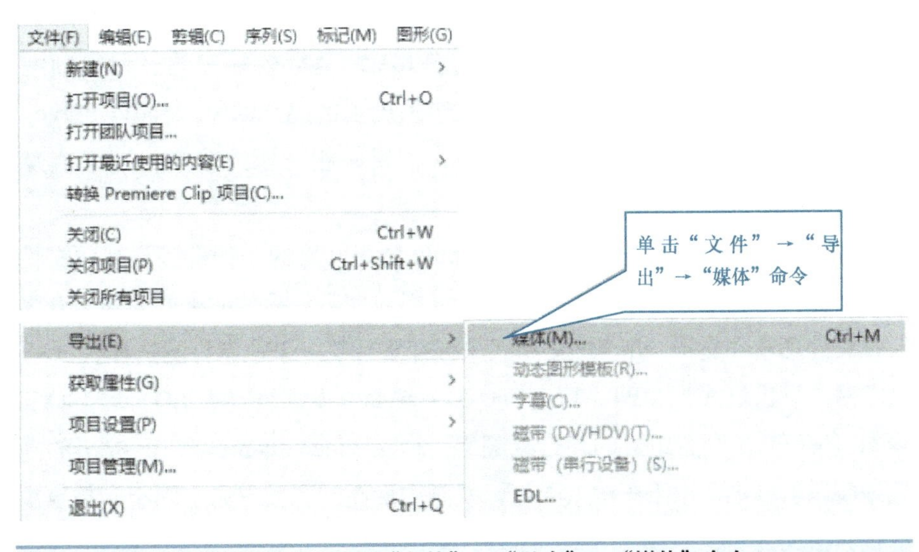

图 6-2-16　选择“文件”→“导出”→“媒体”命令

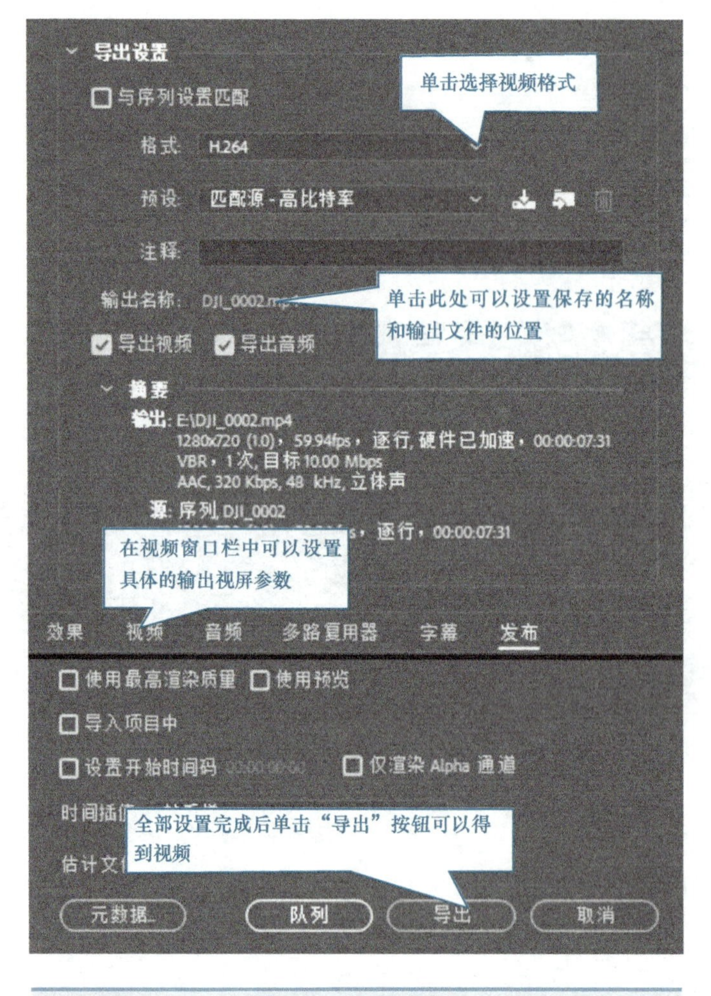

图 6-2-17　导出窗口

下面介绍 4 种常见的格式：

1）Windows Media Video：导出格式为 WMV，是微软开发的一种视频编解码及其相关的视频编码格式的统称，Windows 操作系统上的 Windows Media Player 就能播放这种格式。WMV 格式是视频压缩编码格式，视频相对压缩较小，属于流媒体格式的一种。

2）QuickTime：导出格式为 MOV，是 Apple 公司开发的一种音频、视频文件格式，也是一种流媒体格式，它是苹果公司 QuickTime 播放器默认播放的格式，能被众多的多媒体编辑及视频处理软件支持，用 MOV 格式来保存影片是一个非常好的选择。

3）H.264：导出格式为 MP4，是由 ITU-T 视频编码专家组（VCEG）和 ISO/IEC 动态图像专家组（MPEG）联合组成的联合视频组（Joint Video Team，JVT）提出的高度压缩数字视频编解码器标准，由于压缩效果好、视频质量高、视频占用空间小，是目前网络上最流行的视频格式之一。

4）AVI/AVI 未压缩：导出格式为 AVI，是微软公司于 1992 年 11 月推出，作为

Windows 视频软件组成部分的一种多媒体容器格式，允许音视频同步回放，主要应用在多媒体光盘上，用来保存电视、电影等各种影像信息，选择“AVI 未压缩”能够得到没有压缩的视频图像，质量高，空间占用很大。

实战强化

经过处理后的视频可能存在一定程度的抖动而导致主体有时候并不能保证在画面中心，在课后可以先尝试能否使用 PR 做到稳定画面的效果。

提示：可创建长方形颜色遮罩用于定位，如图 6-2-18 所示。

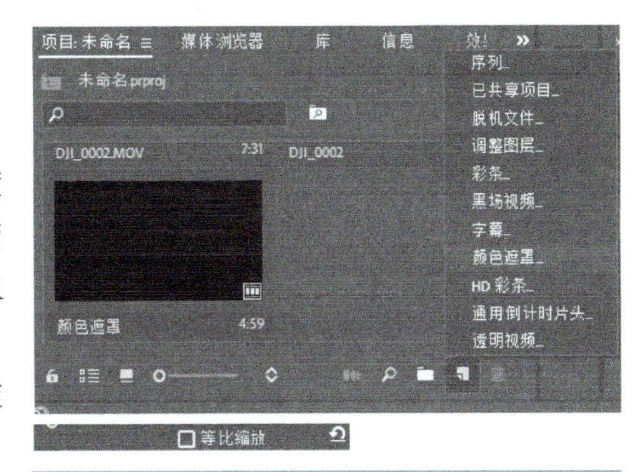

图 6-2-18　颜色遮罩

在效果控件窗口取消等比缩放，使其成为一个竖立的长方形，之后根据该长方形位置设置主体位置关键帧，达到定位主体的目的。

项目评价

本项目的学习已经全部完成，大家给自己的学习打个分吧，本项目分为自我评分和教师评分，最后按自我评分 30%，教师评分 70% 的比例计算合计得分。

自我评分本着对自己负责的态度，对自己在项目中的实现情况打分，教师评分要综合考虑其沟通能力，工作态度等职业素养。

任务名称	评分内容	分值	自评分	教师评分	学习体会
实现滑动变焦效果	步骤 1	5			
	步骤 2	5			
	步骤 3	5			
	步骤 4	5			
	步骤 5	5			
	步骤 6	15			
	步骤 7	15			
	必备知识	15			
使用贝塞尔曲线	步骤 1	5			
	步骤 2	10			
	步骤 3	15			
合计得分：					

单元检测

1. ________________是Adobe公司开发的一款处理图片的后期制作软件，简称________，是目前企业设计人员、数码达人、摄影爱好者使用的流行数码照片处理软件。

2. （单选）需要在LR软件的模块选择器中选择________________模块，才能处理图片。

   A．图库　　　　B．修改照片

   C．地图　　　　D．画册

3. ________________是一幅图像中明暗区域最亮的白和最暗的黑之间亮度层级差异的测量，差异范围越大对比越明显。

4. 若要拍摄滑动变焦效果，则当机位远离主体时，镜头应该向______移动，机位移近主体时，镜头向______移动。

5. （单选）滑动变焦的拍摄手法最初由（　　）在作品中应用。

   A．罗马尼亚摄像师Sergiu Huzum

   B．昆汀·塔伦迪诺

   C．阿尔弗雷德·希区柯克

   D．黑泽明

单元小结

本单元主要介绍无人机拍摄得到的图片、视频素材的后期制作。在图片素材、视频素材后期处理上分别介绍了Lightroom、Premiere两款Adobe公司的软件。实现了素材导入的基本操作、图片素材的基本调色、视频素材的变焦效果处理、关键帧设置的平滑处理（即贝塞尔曲线设置）等内容。介绍了调色的基本概念、常见的剪辑软件、关键帧设置、常见的输出格式等内容。通过本单元的学习，能把拍摄的内容进行后期优化，以更好的方式呈现给观众。

第7单元

无人机的维护与保养

单元概述

随着科技的进步，无人机走向了消费级，成为大众的时尚，但无人机在日常使用过程中难免会有损耗，所以必须注意无人机日常的保养，尽力延长使用寿命。本单元将一起学习如何对无人机进行保养和维护。本单元共分两个项目，项目一主要学习无人机飞行前如何进行清单检查、如何应对紧急事件，项目二主要学习无人机飞行后如何进行保养和维护。

学习目标

通过本单元的学习，熟悉并掌握航拍无人机各个部件的基本维护保养要求；了解航拍无人机维护与保养的相关工具及基本流程；掌握航拍无人机的常规维护与保养；熟练掌握飞行前与飞行后的检查列表内容，并运用相关工具维护与保养航拍无人机的各个部件，确保航拍无人机安全飞行，延长其使用寿命。

项目 1　飞行前的常规保养与维护

项目描述

在操作无人机飞行前应对无人机的各个部件做相应的检查，无人机的任何一个小问题都有可能导致在飞行过程中出现事故或损坏。因此在飞行前应该做充足的检查，防止意外发生。本项目主要从无人机飞行前的常规检查与维护入手，要求无人机爱好者养成飞行前各类设备清单检查、无人机机身检查的习惯以及掌握应对紧急事件的办法。

任务 1　飞行前检查

任务分析

随着消费级无人机的普及，越来越多的人拥有了属于自己的无人机。但由于大部分人没有经过系统的学习与训练，出现了不少“炸机”事故，如何避免“炸机”？做好正确的飞行前检查可以减少由于飞行器故障而导致的“炸机”事故。本任务主要学习如何使用检查清单来对无人机进行飞行前的安全检查。

任务实施

步骤1　准备一份无人机飞行前检查清单

无人机在飞行前需要准备一份飞行前的检查清单，它应该包括每一项检查任务，并按顺序执行，即任务 1 必须在任务 2 之前完成。飞行前检查清单的样例见表 7-1-1。

表 7-1-1　飞行前检查清单

环境勘察及准备	□1. 天气良好，无雨、雪、大风
	□2. 起飞地点避开人流
	□3. 起飞点上方开阔无遮挡
	□4. 起飞点地面平整
	□5. 操作设备（手机 / 平板计算机）电量充足
开箱检查	□1. 飞行器电量充足
	□2. 遥控器电量充足
	□3. 飞行器无损坏
	□4. 所有部件齐全
	□5. 螺旋桨安装牢固
	□6. 相机卡扣已取下

（续）

开机检查	□1．打开遥控器并与手机 / 平板计算机连接
	□2．确保飞行器水平放置后打开飞行器电源
	□3．自检正常（模块自检 /IMU/ 电池状态 / 指南针 / 云台状态）
	□4．无线信道质量为绿色
	□5．GPS 信号为绿色
	□6．SD 卡剩余容量充足
	□7．刷新返航点（如果没有自动刷新，请手动刷新）
	□8．根据环境设置返航高度
	□9．操作设备（手机 / 平板计算机）调到飞行模式
	□10．确认遥控器的姿态选择及模式选择
试飞检查	□1．起飞至安全高度（3 ～ 5m）
	□2．观察飞行器悬停是否异常
	□3．测试遥控器各项操作正常
检查完毕，可安全飞行	

检查人：　　　　日期：

检查清单应该作为起飞前需要逐步核查事项的备忘录。这个清单应确保人的安全，并尽可能确保最佳的飞行体验。需要注意的是，由于市场上有不同类型的无人机，因此飞行前的清单要和无人机的技术配置相匹配。

步骤2　环境安全检查

飞行前，首先要做的就是观察飞行环境，确保周边没有影响飞行安全的障碍物，如高压线、无线电发射塔等；同时应当确认飞行地区是否处于禁飞区、限飞区，不要违反当地的法律、法规；此外飞行区域应当避开建筑物和人群，以免造成不必要的麻烦，如图 7-1-1 所示。

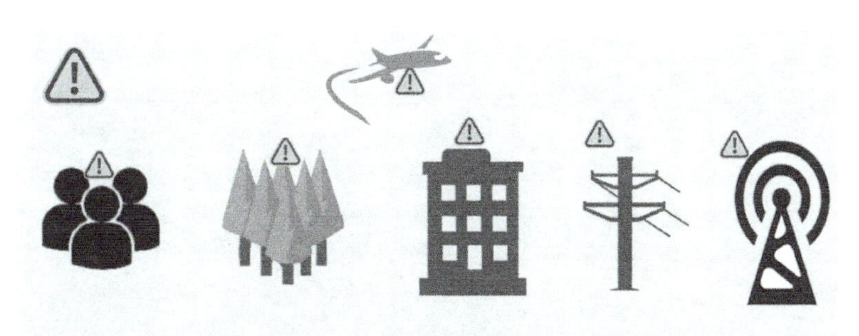

图 7-1-1　飞行环境安全检查

当到达飞行地点时，确保对这片区域内的障碍物了如指掌，包括树木与其他绿色植物，还有塔、电线、道路、水源、建筑物和行人等。无论计划采用什么样的飞行模式，都应该知道飞行路线。

步骤3　熟知禁飞区

我国各地政府都针对无人机颁布了相应的禁飞规定。在各地相继出台了长期或短期的限飞、禁飞政策的同时，关于无人机合法飞行的空域规划也在进行中。

禁飞区又称禁航区，指某一领地的上空禁止任何未经特别申请许可的飞行器飞入或飞越的空域。飞行器无法在禁飞区内起飞；从外部接近禁飞区边界时，将自动减速并悬停。以跑道两端中点向外延伸 20km，跑道两侧各延伸 10km，形成宽约 20km、长约 40km 的长方形区域限飞区（与禁飞区不相交的部分）。在限飞区中，飞行器的限制飞行高度为 120m。

截至目前，北京、上海、广东、四川、重庆、湖北、浙江等地相继出台的管理规定，把机场、化工厂、军事基地、交通枢纽等敏感区域设置为“低小慢”飞行器的禁飞区。目前来看，个人只能在政府划定的“自飞区域”内使用无人机，可是各项规定对于“自飞区域”并没有详细说明，而警方有权对在户外放飞无人机的人采取拘留措施。

但各地也意识到禁飞并不是解决无人机监管的根本方法。在出台了禁飞规定之后，也陆续规划无人机的“自飞区域”。在未来，无人机飞行空域将更多地以“白名单”的方式呈现出来。比如，深圳罗田森林公园获批国内首个城市无人机安全飞行空域。

步骤4　设备清单检查

设备清单因每个人使用的无人机的工具不同而会有所区别。无论清单列表的内容有多少，都要尽可能详细地列出每个甚至看似微不足道的内容。建议检查的设备清单如下：

无人机机身

无人机包 / 机箱

电池充电器

发送器

备用件

电源线

电源板

方向节

相机

存储卡

计算机

存储卡读卡器

平板计算机

智能手机

像锥体和旗帜这样的安全装置

飞行日志

降落台

到达目的地时，要清点所带的物品；离开前要收拾好要带走的物品（下一项目将详细讨论飞行后的检查清单）。

步骤5　检查飞行设备

飞机准备起飞前，请确保飞机没有受损或老化。无人机是复杂精密的设备，飞行中机身会承受很大的作用力，可能导致一些物理损坏，飞行前的机身检查有助于及时发现这些损坏以保证飞行安全。机身检查应当至少包括以下几点：

（1）机身是否有裂纹

每次飞行前，必须检查无人机。检查无人机上有没有构件断裂，也要仔细检查起落架。如果起落架是可伸缩的，需要确保所有运动齿轮都没有问题。检查可能影响到可动组件的外部因素。检查所有的连线是否有缺口或损坏，并检查所有物理连线和捆线是否完整且连接完好。如果无人机电池是像大疆精灵无人机那样插到了特制的插口上（见图 7-1-2），那么需要确保没有腐蚀物或其他东西影响正常连通。

图 7-1-2　大疆无人机机身整体图

（2）螺钉或紧固件有无松动或损坏

螺钉松动会导致固件失衡，甚至导致相关部件在飞行中脱落。所以每次飞行前，需要肉眼观察或者手动感知所有螺钉及固件有没有松动或损坏，以确保无人机安全飞行，如图 7-1-3 所示。

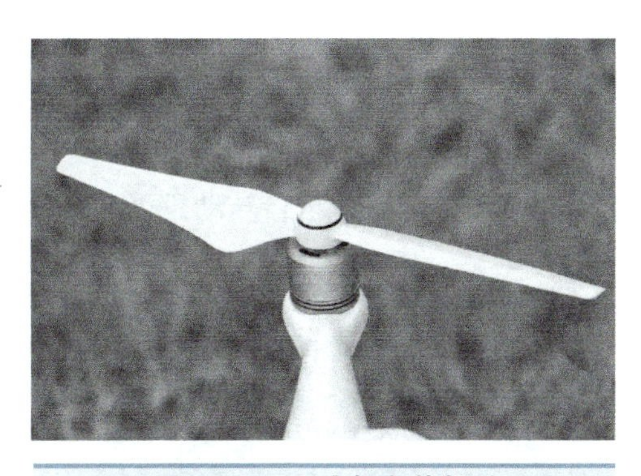

图 7-1-3　无人机安装紧固

（3）螺旋桨有无损坏、变形以及安装是否紧固

检查螺旋桨（见图 7-1-4），查看是否有任何损坏。只有螺旋桨平衡才能保证无人机的平稳飞行。任何细小划痕都可能使单个螺旋桨失去平衡，最终导致无人机无法平稳飞行。

如果怀疑螺旋桨已损坏，那么应直接更换。如果不确定是否已损坏，可以带着螺旋桨到无人机商店进行检查。

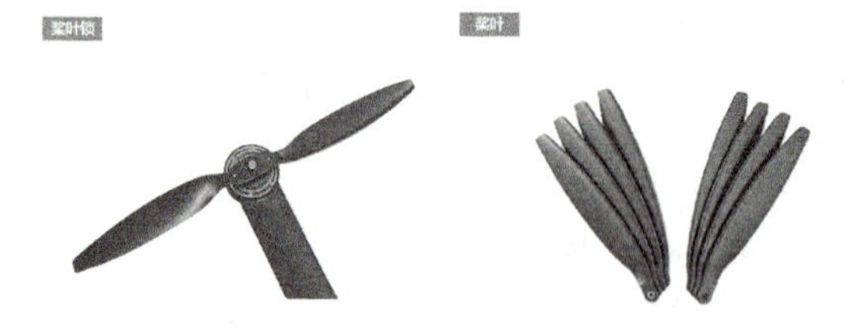

图 7-1-4　无人机螺旋桨

（4）电池安装是否牢固，确保电量充足

如果无人机有多块电池（见图 7-1-5），应分别进行编号并按编号管理它们，可避免充电时或者更换电池时造成混淆。每次使用前都要检查电池，确保电池或连接线没有物理损坏，确保电池没有膨胀或鼓起。插上电池检查电量，如果需要充电，应立即开始充电。

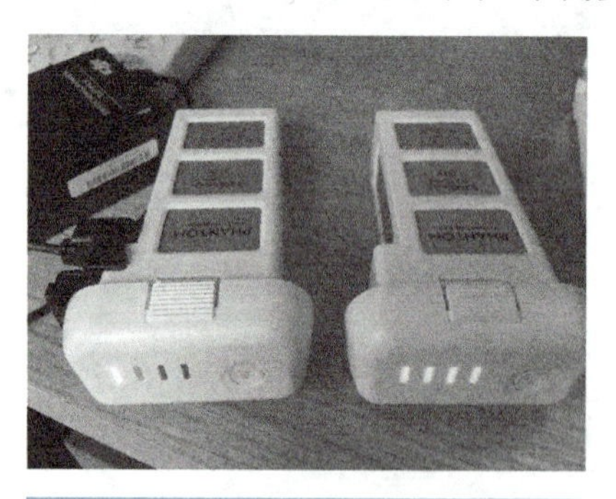

图 7-1-5　无人机电池

（5）相机支架、云台是否安装牢固

如果无人机是带有相机支架飞行的，那么要先确保支架被正确安装到无人机上。同时需要检查相机电池电量是否充足，备用电池是否已准备好。清空存储卡以确保拍摄视频和照片的可用容量充足。如果使用了万向节，那么需确保电池电量充足，各轴转向回位的角度正确。如果使用 GoPro 相机或其他支持 Wi-Fi 的相机，那么需确保 Wi-Fi 已关闭，这样就不会影响无人机的导航控制。检查云台是否安装牢固、云台转动是否顺畅，如图 7-1-6 所示。

图 7-1-6　无人机云台相机加固

(6) 确保已插入 Micro-SD 卡

检查是否已插入 Micro-SD 卡，无人机存储卡的安装位置如图 7-1-7 所示。

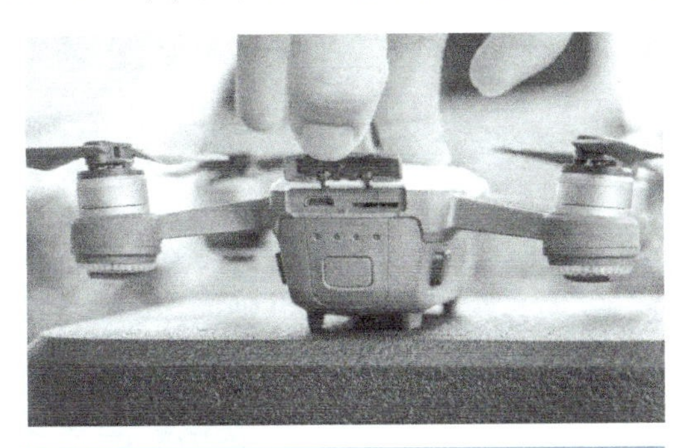

图 7-1-7　无人机存储卡的安装位置

步骤6　检查急救箱

一般来说，起飞前不仅要检查是否有急救箱，还要查看箱内是否有所有必需的物品，如绷带、三重抗生素软膏、含有酒精的湿巾纸、阿司匹林、泰诺和其他基本药具。同时，也应该考虑带一些 ACE 牌绷带、绷带胶带以及止血带。

必备知识

无人机整机清洁主要是指机身主体的清洁工作，如大桨、尾桨、机身板、尾杆、外露轴承的清洁工作。一般建议为外露轴承涂上润滑脂，以达到润滑、防锈、防腐蚀的目的。清洁过程中注意观察大桨、尾桨和尾杆的完整度、是否膨胀、是否开裂等情况，机身板上的固定螺钉是否有松脱等现象。

清理无人机的必备工具

1) 工具箱：准备一个小工具箱，把无人机的保养、清洁和修理工具都装进去。当然这些工具也要和无人机的品牌、型号相匹配，如图 7-1-8 所示。

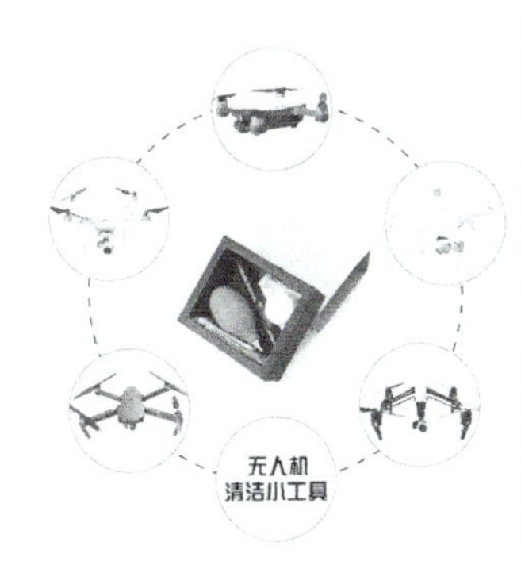

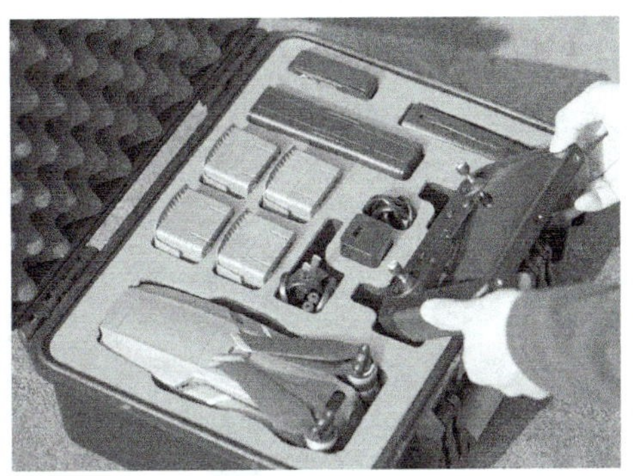

图 7-1-8　无人机工具箱

2) 镜头笔、小刷：用于清洁镜头、清除可能陷入无人机角落与缝隙中的尘垢，如

图 7-1-9 所示。

图 7-1-9　镜头笔

3）小气吹：可以用它清除无人机“敏感部位”的尘垢，如电动机或电路板旁边的尘垢，而且还不会损坏无人机，如图 7-1-10 所示。

4）异丙醇：可以让无人机的外壳光洁如新。这种清洁剂可以祛除污垢、草渍、血液等大多数种类的顽渍，还不会损坏电路，如图 7-1-11 所示。

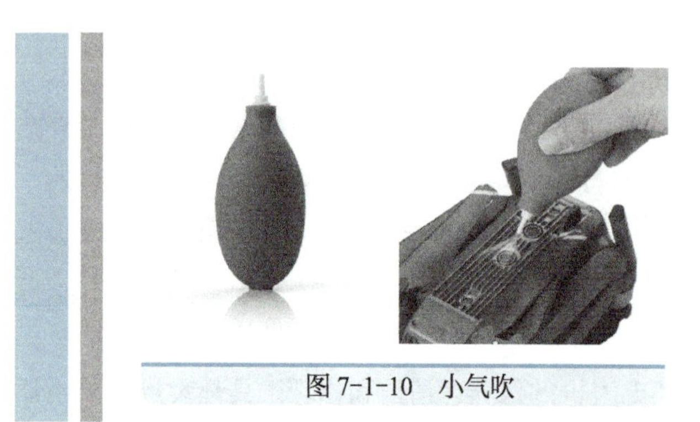

图 7-1-10　小气吹

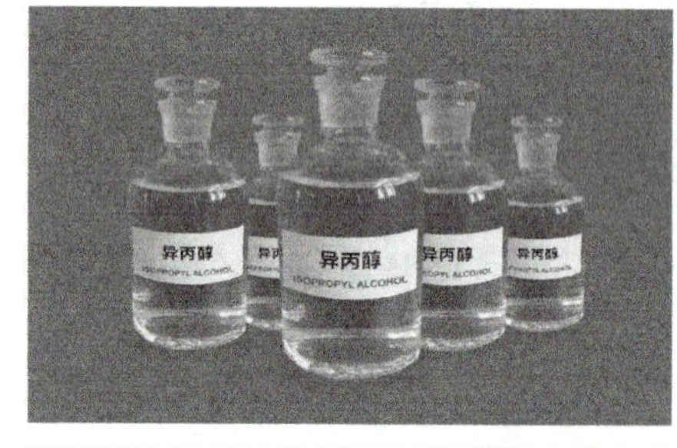

图 7-1-11　异丙醇

5）超细纤维布：如果想把无人机拆开进行大扫除，这块布必不可少，它可以和异丙醇协同工作，完美配合，如图 7-1-12 所示。

6）多用途清洁膏、清洁棉签，如图 7-1-13 所示。

图 7-1-12　超细纤维布

图 7-1-13　多用途清洁膏、清洁棉签

实战强化

假设要起飞一架无人机，请规划起飞前的检查清单以及如何对该清单实施飞行前的检查。

写出清单，并反馈实施过程中存在的问题。同时根据各自实施情况回答下面几个问题：

1）整机清洁主要是指哪些清洁工作？

2）清洁主轴的要点是什么？

3）说说现在所处城市的哪些地方是禁飞区？

任务2　无人机控制系统检查、校准及紧急事件应对

任务分析

无人机上的感应器必须经常进行校准，遥控器也需要经常进行较准，每款无人机的遥控器校准方法有所不同，但原理大同小异，校准时参考无人机用户手册就基本可以完成相关的校准工作。下面将学习无人机控制系统检查、校准及飞行过程中的紧急事件应对。

任务实施

步骤1　遥控器与无人机对频

无人机出厂时，遥控器与无人机已完成对频，通电后即可使用。如更换遥控器，需要重新对频才能使用。以大疆无人机对频为例，其对频操作步骤如下：

1）开启遥控器，连接移动设备。开启智能飞行电池电源，运行 DJI GO APP。

2）选择“相机”界面，单击遥控器图标，然后单击“遥控器对频”按钮。

3）DJI GO APP 显示倒数对话框，此时遥控器状态指示灯的蓝灯闪烁，并且发出“嘀嘀”的提示音。

4）使用合适工具按下对频按键后松开，完成对频。对频成功后，遥控器指示灯的绿灯常亮。对频按键和对频指示灯位于飞行器侧面。

步骤2　校准无人机遥控器

无人机遥控器作为飞手操控无人机的工具，对其的校准是非常重要的。随着无人机的发展进步，配套的无人机遥控器也在进行相应地改进，越来越方便飞手操作无人机。无人机遥

控器校准主要是指南针校准和IMU校准。大疆无人机遥控器如图7-1-14所示。左边的操控杆控制加速、减速和偏航（左转和右转），右边的操控杆控制向前、向后（俯仰）和向左、向右（翻滚）。

校准无人机遥控器是飞行前检查中最复杂的步骤，好在目前多数无人机都配有直观、简洁的APP。控制系统检查、校准主要包含以下项目：

图7-1-14　无人机遥控器

（1）检查遥控器电池电量是否充足

飞行前一般都会检查无人机的遥控发射器，同时确保电池电量充足并有备用电池。检查发射器，确保控制杆在设置到中位之前可向任意方向拨动（不是固定在某一个方向），确保油门设为零。如果有其他地面控制设备，那么也要确保它们连接正确并且电量充足。

（2）指南针校准

校准前一定要选择空阔场地进行，再根据下面的步骤校准指南针。

1）进入DJI Pilot APP“相机”界面，单击左上角，选择“指南针校准”命令。飞行器状态指示灯的黄灯常亮代表指南针校准程序启动。

2）水平旋转飞行器360°，飞行器状态指示灯的绿灯常亮。

3）使飞行器机头朝下，水平旋转360°。

4）完成校准，若飞行器状态指示灯的红灯常亮，则表示校准失败，请重新校准指南针。

（3）校准IMU

无人机受到大的震动、放置不水平或飞行器预热时间过长，开机自检的时候会显示IMU异常。这时需要重新校准IMU，具体步骤如下：

1）打开飞机遥控器，连上APP，把飞机放置在水平的台面上。

2）进入DJI GO APP，选择“飞控参数设置”“传感器”→“IMU校准”命令。

3）校准过程中不能移动飞机，校准时长大约5～10min。

（4）查看GPS卫星数是否满足安全飞行要求

无人机的定位功能源自GPS卫星信号，无人机刚起飞时信号强度一般较低，所以起飞后可以在空中停一停，让无人机接收更多的GPS信号。一般说来，无人机至少接收10颗GPS卫星信号，才能获得稳定的飞行。另外，无人机的自动返航功能也是依赖GPS数据实现，所以起飞后应尽量保证GPS的信号强度，使飞行变得更安全。

（5）云台系统是否正常

无人机云台是无人机用于安装、固定摄像机等任务载荷的支撑设备。它分为固定云台和电动云台两种。固定云台适用于监视小范围的情况，在固定云台上安装好摄像机后可调整摄像机的水平和俯仰的角度，达到最好的工作姿态后只要锁定调整机构就可以了。电动云台适用于大范围的扫描监视，它可以扩大摄像机的监视范围。电动云台的高速姿态是由两台执行电动机来实现的，电动机接收来自控制器的信号从而精确地运行定位。

云台根据其回转的特点可分为只能左右旋转的水平旋转云台和既能左右旋转又能上下旋转的全方位云台。一般来说，水平旋转角度为0°～350°，垂直旋转角度为90°。恒速云台的水平旋转速度一般在3°～10°/s，垂直速度为4°/s左右。

步骤3　紧急事件的应对

有些情况可能会影响无人机的正常飞行：由于无人机飞出了可控范围或遭遇某种无线电干扰，而中断了遥控器与无人机的通信；突降大雨或恶劣天气使飞行变得异常危险；电池故障或没注意到电池电量状况可能导致“炸机”；或者仅因为把无人机飞得太远以至于无法确定无人机的方向，无法正常使它返航。无论如何，如果发现异常情况，请立即降落无人机。降落无人机后可以清除异常再重新起飞。如果失去了对无人机的控制，那么除非无人机能成功返航降落，否则就很可能“炸机”。

无人机通过GPS获取位置数据，并在飞行的过程中参考这些数据。在开始起飞前，请先阅读用户手册，查看无人机是否有故障安全机制，用来处理遥控器和无人机之间的通信中断。为了能够充分利用GPS特征，必须要确保建立或更新返航位置，即无人机起飞的位置。如果无人机是第一次起飞，那么需确保打开了GPS位置锁定，并在飞行中测试它是否正常。

一般来说采用下列步骤可以测试无人机的返航故障安全机制。

1）建立返航位置后，加速旋转电动机，把无人机升空。

2）将无人机飞到离自己15～30m远的位置，然后关闭遥控器电源。无人机将自动返航到最初起飞的位置附近3m内。

3）再次起飞或开始飞行计划前，让无人机完成返航练习。

大多数无人机的自动返航都存在一个问题即缺少碰撞侦测功能。若没有人工控制无人机，那么它将以直线最短距离飞回起飞位置，无人机将碰撞到这条直线路径上的任何东西。为了解决这个潜在问题，需要重新连接遥控器与无人机的通信，拦截无人机的自动飞行，转变为人工控制，从而避开障碍物。可参考用户手册进行操作。

小知识

行业内有大量的讨论是关于如何使无人机具有碰撞侦测能力。几家无人机厂商使用微型相机侦测物体和移动的无人机，英特尔公司正在使用他们的Realsense 3D相机引领着这一技术进步。

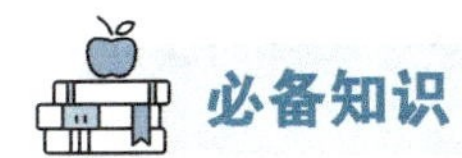

必备知识

1. 无人机系统的特点

第一，无人机需要循环使用，在使用过程中一般无法进行维修，但在每次使用之前都要进行必要的维护和检查，排除发现的异常和故障，确保升空之前处于最大限度的良好状态，以保证执行任务过程中的安全。因此，无人机是一个准单次循环系统，既要像火箭与导弹那样保证每次使用的安全可靠，又要像地面车辆一样保证长期重复使用。

第二，无人机的使用领域特殊。作为一种空中使用的复杂系统，其效能的发挥依赖于地面维护和空中使用的综合作用。空中使用是无人机的本质要求和使用目的，地面维护是无人机安全可靠使用的前提和能力特性有效发挥的保障。

第三，无人机使用环境严酷。无人机使用空间多维、幅员广、环境条件差异巨大，要求有针对性地维修和保障，以保证飞机在各种环境条件下安全可靠地使用。

2．修理无人机的必备工具

无人机在飞行或降落过程中都有可能发生小故障。因为它是一种精密器械，任何部件的微小变动都会影响其飞行状态和使用寿命。所以，在处理无人机故障时务必小心谨慎，在出门之前也要备足工具。

1）备用支架：支架是无人机飞起来的重要零件之一，一旦出现故障就必须使无人机立刻降落，用备用支架把它替换下来。最好咨询一下无人机供货商以确定该无人机备用支架的型号。

2）小工具箱：确保已准备好快速现场维修所需的工具。如果在购买无人机时已经配备所需要的各种工具，那么还需要准备一个螺钉旋具，以确保万无一失。

3）烙铁：一旦无人机的电线或电子出现重大故障，有一个烙铁就再好不过了。如果从来没有使用过烙铁，最好请有经验的朋友来帮忙，或者到网上看一下指导视频。

4）备用电池：这要根据无人机的具体情况而定。如果无人机有可更换的电池，一定要充满电作为备用。

无人机新手的小贴士：

1）正式放飞无人机前一定要做好以下检查：放飞地点是否足够空旷；无人机状况是否良好；遥控器上的拨动开关是否灵活。

2）保持充足电量。

3）保持无人机的清洁。

4）不要让无人机连续长时间飞行。

实战强化

1）本周末准备去野外进行一次无人机采风拍摄，飞行前需要做哪些准备工作？请写出飞行前对无人机控制系统的检查、校准步骤及具体方法，以及在应对紧急事件时，应该做好哪些准备。

2）如果无人机控制系统出现以下问题，该如何校准与处理？

◇ 设备无连接。

◇ APP 提示“可安全飞行（无 GPS）”。

◇ APP 提示“指南针异常，请移动飞机或校准指南针”。

◇ 室外飞行中 APP 提示“指南针受扰，退出 GPS 模式”，同时有语音提醒“姿态模式”。

◇ 云台过载。

◇ 无图传。

◇ 图传信号微弱，请调整天线。

项目评价表

本项目的学习已经全部完成，大家给自己的学习打个分吧，同时登记小组评分和教师评分，最后按自我评分 30%，小组评分 30%，教师评分 40% 的比例计算合计得分。

小组评分和教师评分时不光要考虑任务完成情况，还要综合考虑其小组的合作、沟通能力，工作态度等职业素养。

任务名称	评分内容	分值	自评分	小组评分	教师评分	学习体会
飞行前检查清单	环境安全检查	5				
	熟知禁飞区	5				
	设备清单检查	20				
	检查飞行设备	20				
	检查急救箱	5				
	必备知识	15				
无人机控制系统检查、校准及紧急事件应对	遥控器与无人机对频	5				
	校准无人机遥控器	20				
	紧急事件的应对	5				
合计得分：						

项目 2 飞行后的常规保养与维护

项目描述

无人机属于耐用物品，但并非坚不可摧，随着飞行时间的增长，无人机撞击或重击的概率会有所增加，有时候还需要修理和更换配件。所以，每位无人机爱好者都要养成及时保养无人机及其零部件、保护无人机免受灰尘和污垢侵害的好习惯。虽然各类无人机由于设计的不同，都有自己独特的保养要求，但还是有一些共同的保养技巧。本项目主要从无人机飞行后的常规保养与维护入手，要求每位无人机爱好者在飞行后对无人机进行各项检查和维护，做好不使用时无人机的存放和电池保养工作。

任务1　创建飞行后检查列表

任务分析

无人机是由复杂的机械部件和计算机技术组成的，需要细心呵护才能确保其经久耐用。即使飞行很成功，没有发生硬着陆、没有撞击到物体、没有坠机，但是随着时间的推移，自然损耗也可能导致无人机在未来飞行中出现问题。本任务就对无人机每次飞行后，如何创建飞行后检查列表来检验无人机的所有部件是否损坏进行学习。

任务实施

使用飞行后检查列表很重要，它可以确保飞行体验的成功率。飞行后检查列表和飞行前检查列表，都可确保在飞行时不会带着肮脏的照相机和损坏的设备进行。

步骤1　关闭无人机电源

在检查和拆卸无人机之前，要确保关闭电源，并且电池、无人机、飞行控制器和任何其他的带电设备都要关闭电源。

小知识

如果无人机没有关闭电源，一旦它被人拿起或移动时，螺旋桨就会打开以便保持平衡，这样可能会造成严重的伤害。在着手处理之前，要始终确保无人机处于关闭电源的状态。

步骤2　检验无人机的主要部件

整体查看无人机，检查是否有脏物、灰尘、水渍、昆虫或者任何其他类型的污垢堆积。清洁无人机，以便及时发现比较隐蔽的损坏。将无人机擦拭干净之后，要查看主题部件是否有裂缝。清洁后的大疆无人机主体如图 7-2-1 所示。

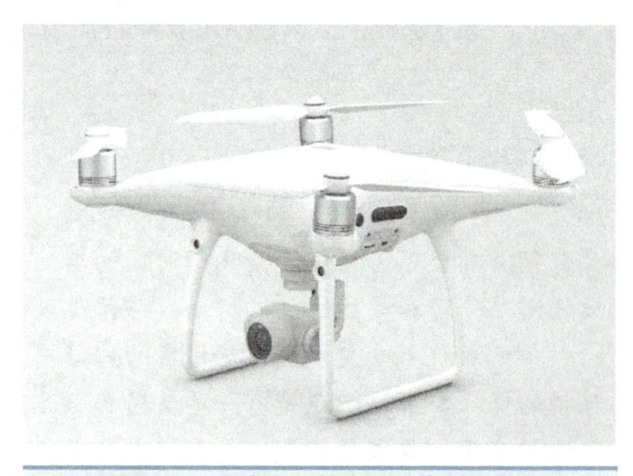

图 7-2-1　清洁后的大疆无人机主体

步骤3　检查螺旋桨

螺旋桨就是几个高速旋转的叶片，它们推动气流，从而产生上升力，使无人机能够起飞。螺旋桨是高度平衡的，可以确保在高速旋转时，不会产生任何不必要的震动来阻碍无人机的正常飞行。如果发现任何缺口、断裂或者任何形式的损坏，无论大小，都需要更换螺旋桨。当无人机撞到物体时，几乎都会毁坏没有保护措施的螺旋桨，即使是穿过昆虫群飞行之后也一样。大疆无人机的螺旋桨如图 7-2-2 所示，可以注意到上面已经有缺口了。

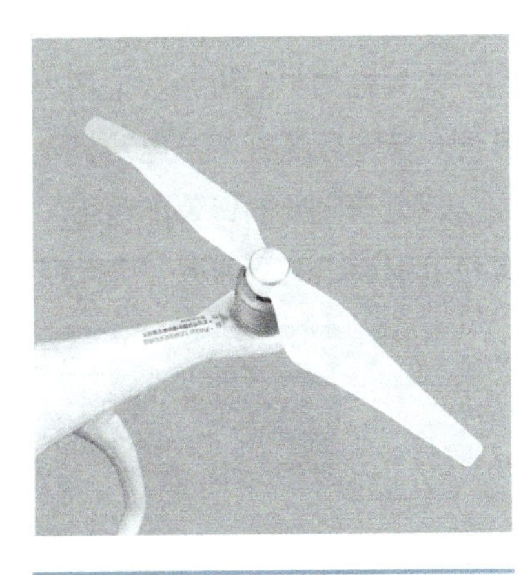

图 7-2-2　无人机螺旋桨

步骤4　螺旋桨防护装置和保护罩

有些无人机可以选择在螺旋桨周围增加一个保护罩，如图 7-2-3 所示。PARRot AR2.0 无人机就有一个非常轻便的保护罩，环绕在整个无人机的周围。在无人机受到冲击时，它可以起到保护螺旋桨和机身主体的作用。但是这些保护罩也可能会被损坏，如果保护罩损坏，就可能导致无人机变得不平衡、不稳定。而且，如果损坏的保护罩再次受到撞击，它可能会弯曲，其碎片可能进入螺旋桨，导致坠机及重大事故。因此，保护罩如果损坏，一定要及时更换。

图 7-2-3　无人机保护罩

步骤5　检查保管电池

无人机需要高能量的锂电池，因为飞行需要消耗大量的电能。锂电池的问题在于，它比普通常用的电池更加危险一些，因为锂电池中的电解质溶液易挥发，所以必须妥善保管。如果电池损坏，那么必须及时处理。如若不及时处理，损坏的电池可能会导致火灾，甚至爆炸。已经损坏的锂电池如图 7-2-4 所示。

顺利飞行过后，在给电池充电之前，要先把它们卸下来冷却。

图 7-2-4　无人机锂电池

步骤6　检查装配情况

无人机的电动机会产生剧烈震动，如果电动机部件松动，那么震动还会加剧。松动的装配可能导致螺旋桨、电动机以及其他附件发生摇晃、异响、滚动，导致无人机变得不稳定。因此一定要确保装配适当，确保在下一次飞行期间不会有任何部件发生松动。大疆无人机的螺旋桨装配如图 7-2-5 所示。

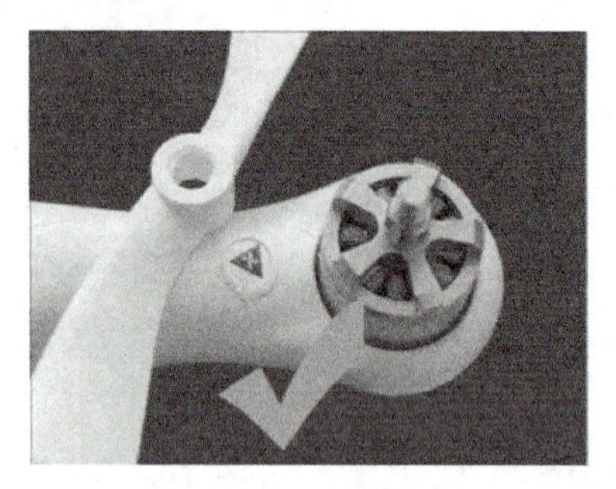
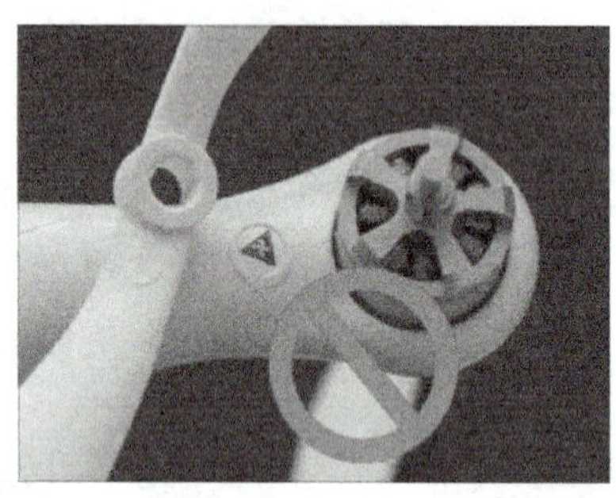

图 7-2-5　大疆无人机的螺旋桨装配

步骤7　检查起落架

起落架可以是固定的，也可以是可伸缩的。可伸缩的起落架有许多部件，必须仔细检查，确保其是按要求逐步伸缩和伸展，还必须查看起落架是否有破裂或者裂缝。硬着陆对起落架的损害与坠机无异。大疆无人机的起落架如图 7-2-6 所示。

图 7-2-6　大疆无人机的起落架

步骤8　检查线路

无人机通过许多线路将电源输送到各个设备中去，而主要线路是装在线束上的，它可以快速地将电池与无人机连接起来。飞行后检查无人机时，要查看线路，确保所有的连接都没有松动。还要查看所有能见到的线路是否出现裂缝、断裂、烧焦或者任何其他形式的损坏。任何线路问题都可能导致无人机坠机。

步骤9　下载保存飞行信息

有些无人机会追踪和保存飞行信息，有些追踪信息包含飞行速度、飞行高度以及 GPS 定位。飞得越多，无人机记录的信息就越多，直到完全存储满内存卡。有些无人机是将飞行信息保存在可移动的存储设备上，便于下载、复看和存档。一定要确保下载这些信息并存档，至少要清除内存，以便在需要时有足够的存储空间来记录飞行信息。

步骤10　下载保存相机中的数据

如果在飞行中拍摄了照片和视频，那么一定要及时把这些内容保存到存储设备中，并从无人机的照相机中删除这些图片和视频。如果无人机使用的是可移动媒体来保存数据，那么要确保在清除完数据之后，将存储媒体放回到无人机上。

步骤11　清洁相机和镜头

飞行前检查列表和飞行后检查列表中都需要有“擦拭镜片”这一项，以确保照相机镜头上没有污点，不影响拍摄效果。

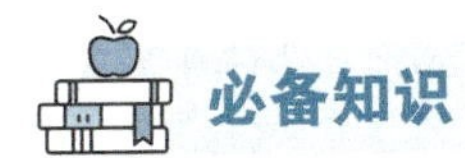

必备知识

现在无人机越来越普及，很多的人都开始使用。但是无人机的操作比较复杂，很多新手不易入门。下面介绍一些使用无人机时必须要知道的知识。

1）PITCH 轴（P 轴）：俯仰，将物体绕 X 轴旋转（LocalRotation X），美国手中是前后推动右摇杆，如图 7-2-7 所示。

2）ROLL 轴（R 轴）：横滚，将物体绕 Z 轴旋转（LocalRotation Z），美国手中是左右移动右摇杆，如图 7-2-8 所示。

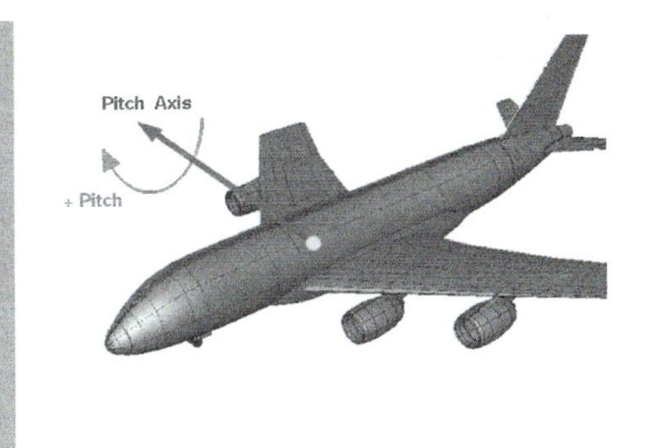

图 7-2-7　PITCH 轴（P 轴）示意图

图 7-2-8　ROLL 轴（R 轴）示意图

3）YAW 轴（Y 轴）：航向，将物体绕 Y 轴旋转（LocalRotation Y），美国手中是左右移动左摇杆，由于操作习惯不同，遥控器的摇杆布局也不同，如图 7-2-9 所示。

4）旷量：指的是在不影响机器精密的情况下，许可部件之间有一定的活动余地，以消除加工误差对部件连接的影响。无人机有些部件有少许旷量属于正常情况。

5）对头飞行、对尾飞行：就是机头对人飞和机尾对人飞，对尾飞行的飞行方向就是人操作摇杆的方向，而对头飞行的飞行方向与打杆方向完全相反，新手建议先熟练对尾飞行。

6）定子、转子：如图 7-2-10 所示，电动机编号的前两位为电动机的定子直径，后两位为定子高度，例如，2312 电动机，定子直径为 23mm，高度为 12mm。

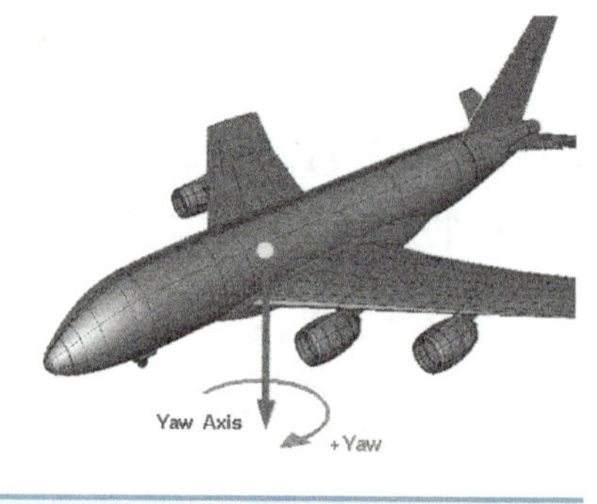

图 7-2-9 YAW 轴（Y 轴）示意图

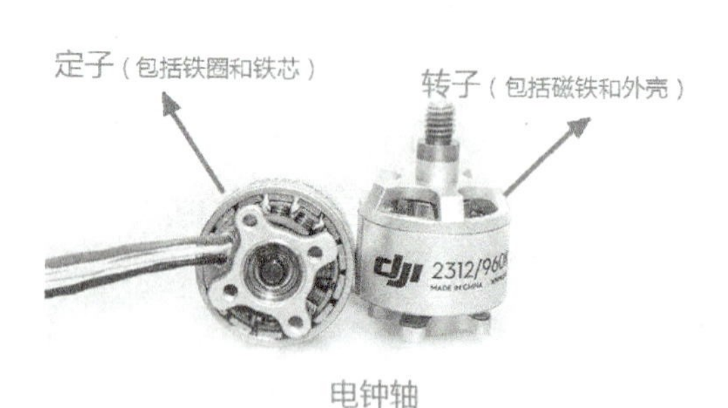

图 7-2-10 定子和转子

7）电调：电子调速器的简称，用于控制电动机功率，从而控制无人机飞行，如图 7-2-11 所示。

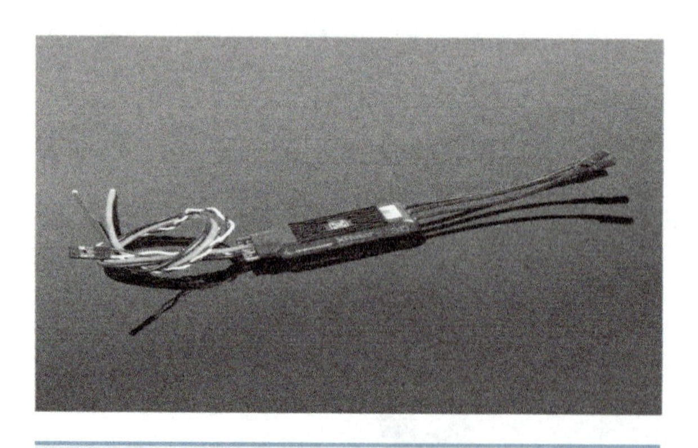

图 7-2-11 无人机电调

8）飞控：无人机飞控是指能够稳定无人机飞行姿态，并能控制无人机自主或半自主飞行的控制系统，是无人机的大脑。DJI 就是做飞控起家，DJI 的旗舰飞控 A2 如图 7-2-12 所示。

图 7-2-12 DJI 的旗舰飞控 A2

9）IMU：是测量无人机三轴姿态角（或角速率）以及加速度的装置，内有加速度计和陀螺仪。P3A/P 主板如图 7-2-13 所示，中间黑盒即为 IMU，IMU 是精密部件必须放置于盒子中。

图 7-2-13　P3A/P 主板

10）GPS 模块：GPS 的接收装置，用于定位，从而实现精确的定点飞行。

11）指南针模块：飞行过程中通过指南针建立飞行坐标系，用于确定正确的飞行方向。指南针异常是由于磁场变化，易导致飞丢或炸机。

12）数字图传、模拟图传、Wi-Fi 图传：数字图传是通过数字编码和滤波解码实现的图传技术，DJI 的 Lightbridge 技术首屈一指，这种图传价格高、传输距离长、抗干扰能力强、画质好。

模拟图传是通过模拟视频信号的无线电波（一般为了避开干扰选用 5.8GHz）来传输图像，这种图传价格低但是传输距离不如相同功率的数字图传，抗干扰能力弱，画质不好。

Wi-Fi 图传是通过 Wi-Fi 信号来传输图像的，也属于一种数字图传，只不过传输距离、图像质量以及抗干扰能力不如真正的数字图传。

13）发射天线和接收天线（见图 7-2-14）：在 P3A/P/P4/INSPIRE1 系列中采用的集成 Lightbridge 的遥控器有两根天线，其中左天线既负责把遥控信号传到无人机，也负责接收图传信号，右天线只负责接收信号。其中 INSPIRE 1 的遥控器还有用于主从机控制的 5.8GHz 收发天线。在这些无人机上，天线被安装于脚架上，垂直于地面。飞行器和遥控器只有工作在相对应的频率上才能正确通信，也就是需要对频。

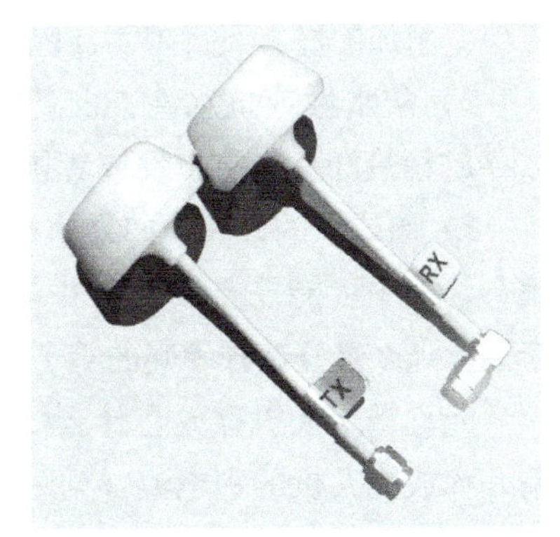

图 7-2-14　发射天线和接收天线

14）动力饱和：指动力系统的动力输出已经达到最大，若仍无校正飞行姿态，或者继续做更大的飞行动作，就会导致失去平衡而“炸机”。

15）射桨：指螺旋桨从电动机上飞出，从而失去一个轴的动力，对四旋翼飞行器来说就会立即旋转下坠而“炸机”。

实战强化

为了展现校园美景，请分组完成一次 5min 的拍摄飞行，各个小组规划 5min 的飞行方案，同时要求列出飞行后的检查列表清单，并一一对其进行检查。

◇ 分组讨论方案，反馈实施过程中存在的问题。

◇ 列出检查列表。

◇ 将拍摄的数据及视频图片下载保存。

任务 2　无人机存放及电池保养

任务分析

无人机需要有一个安全的地方来存放，同时无人机电池保养尤其重要。本任务主要学习无人机如何存放以及如何对无人机电池进行保养。

任务实施

步骤1　无人机存放箱的购置与存放

无人机存放也是无人机保养中重要的一环，一般来说，无人机存放有专门的存放箱。购买无人机存放箱时应该参考以下几个方面：

1）宽松存放：最好将无人机的所有装置都存放在一个地方，这样可以确保在飞行时能够拿到需要的东西。选择一个适合无人机的箱子，其中应当包含存放电池充电器、附加电池、附加配件、飞行控制器以及其他重要设备的存储元件。

2）防水性或抗水性：准备防水箱绝对是有用的，如果计划到潮湿的环境飞行，那么存放箱最好具有防水性或者抗水性。

3）硬或软的外壳：如果计划带着无人机去长途旅行，途中可能需要乘坐飞机，或者需要放置在行李架，那么最好选择硬壳的箱子。

无论把无人机存放在什么样的箱子里，都必须精心存放无人机的锂电池（见图 7-2-15）。因为锂电池如果保存不当，容量就会变小。虽然很多无人机采用的电池是“智能电池”，但是在实际使用和储存上，还是要遵循一定的方法和准则。

图 7-2-15　无人机电池

步骤2　新电池的保养维护

一块崭新的电池往往需要数次的循环充电，才能达到完整的性能。因此在最初的 10

次使用中，不要将电用尽后再充电，而是在电量到达 50% 以下后就进行充电。避免使用未充满的电池，尽量每次都使用充满电的电池进行飞行。因为未充满的电池非常有可能有虚电的情况，在飞行中会发生掉电，这对于飞行安全有着巨大的隐患。无人机的充电电池如图 7-2-16 所示。

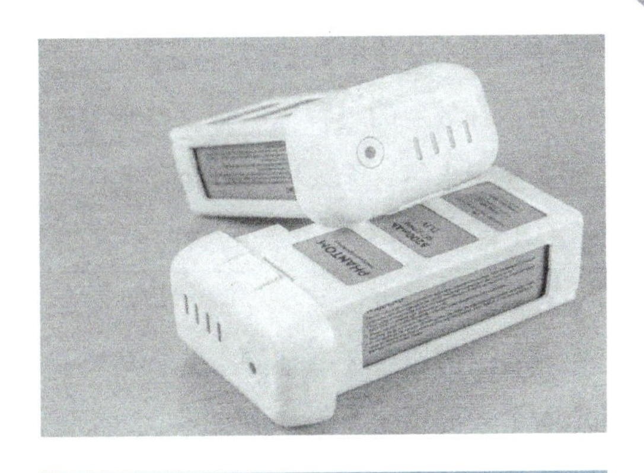

图 7-2-16　无人机充电电池

步骤3　定期校准电池

无人机电池尽管被称作“智能电池”，但是依旧需要时不时地校准，以达到最佳性能。每完成 20 次充电放电的循环后，就要进行一次校准。进行一次完整的充放电，待电池冷却后，再进行充满即可。在 DJI Go APP 中设定电池自动放电时间如图 7-2-17 所示。

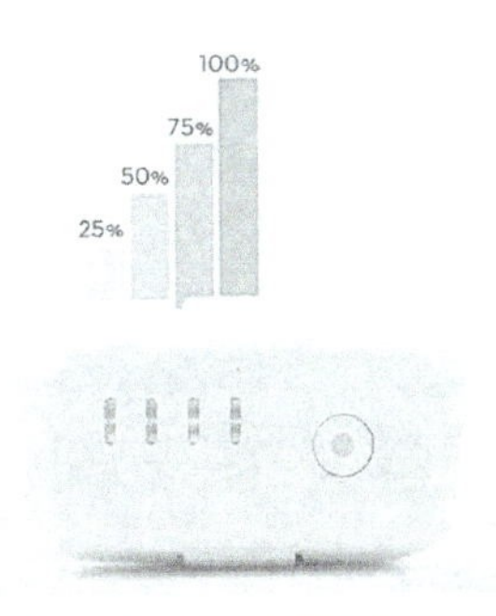

图 7-2-17　在 DJI Go APP 中设定电池自动放电时间

如果长时间不使用电池，那么需要设定自动放电时间，使电池自动保持一个相对稳定的电压和电量，避免在长期储存中损坏电池的性能。

具体操作如下：

选择“DJI Go”→“进入飞行器界面”→“通用设置”→“智能电池设置”→“设置”命令，一般根据自身情况设定具体天数即可，如图 7-2-18 所示。

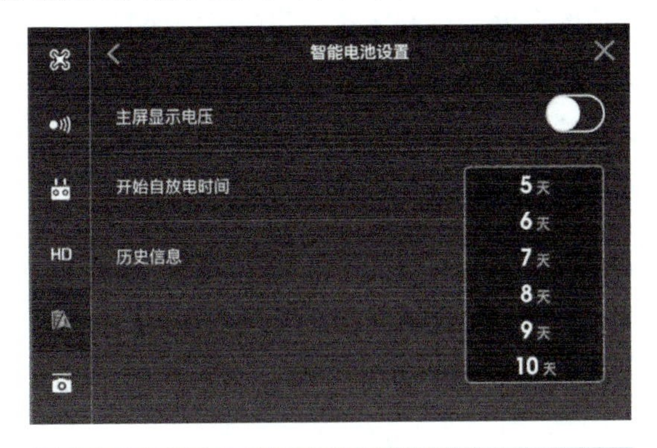

图 7-2-18　电池设置

步骤4　设置电池的存放温度

电池在放电的过程中，都会伴随着一定程度的放热，尽管自燃的可能性极小，但是还是要防患于未然。无人机的电池存放如图 7-2-19 所示。

DJI 官方对于智能电池的储存要求如下：

存放环境温度：

存放时间小于 3 个月：-20 ～ 45℃。

存放时间大于 3 个月：22 ～ 28℃。

充电环境温度 0 ～ 40℃。

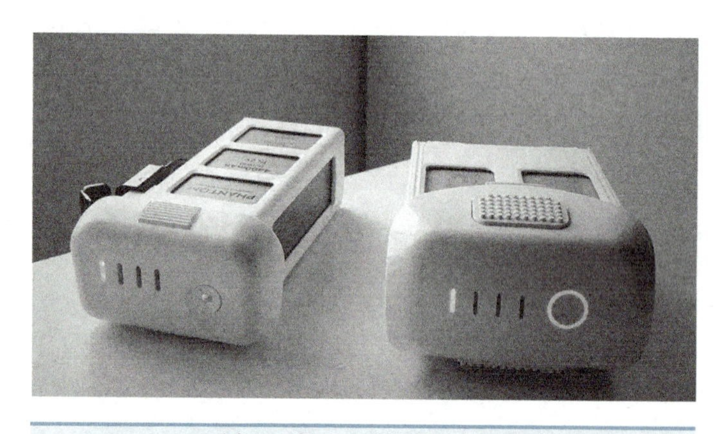

图 7-2-19　无人机电池存放

步骤5　极端天气下的电池使用

由于智能电池内部有传感器，所以当电池过热时会发出警报，提示用户尽快降落。同时当温度高于40℃时，也会禁止用户充电，防止损伤电池，因此当完成飞行时电池很烫的话，可以先等待其冷却后，再进行充电。

而对于寒冷的环境来说，当温度低于 0℃时，容易产生掉电和续航缩短的情况。因此在严寒环境，需要注意以下几点：

1）注意电池储存环境的温度，最好放置在包内以便保温。

2）飞行前，启动电动机并等待一会儿，以方便机身和电池进行预热。

3）在进行任何进一步的操作前，使无人机悬停 30 ～ 60s，查看无人机和电池的情况。

4）不要长时间满负荷运行。

5）对于使用“悟 Inspire”无人机的用户来说，还可以选购保温贴，也能起到一定的保温作用；还可以选购电池预热器，该产品具有预热和保温功能，使用方便，无需充电，仅需将充满电的电池装入预热器，经 10 ～ 15min 的预热后，电池将恢复至 5℃以上的常温可使用状态。

必备知识

电池的使用与保养可见表 7-2-1 和表 7-2-2。

表 7-2-1　电池使用 6 步曲

序号	内容	注意事项
1	使用满电量电池，避免因虚电而错估续航	飞行前，务必将电池充满电，保证电池处于满电量状态
2	注意环境温度，低温环境需预热电池	在低于 5℃的环境下，需要将电池预热至 20℃以上。起飞后保持飞机悬停 1min 左右，让电池利用内部发热充分预热
3	先插电池后开机，固定卡扣要锁紧	飞行前，应先开启遥控器，插入电池后短按电源键再长按 2s 开机。请勿在电池电源打开的状态下拔插电池
4	检查电池状态，合理设置电池警报	正确开启飞行器后，应注意通过 APP 查看电池当前状态，并根据飞行需求合理设置低电量报警、严重低电量报警数值
5	飞行过程中随时注意 App 报警提示	减少暴力飞行，关注电池温度，及时采取相应措施
6	先关机后取电池，最后关闭遥控器	飞行结束后，应先短按电源键，再长按电源键 2s 关闭电池，最后关闭遥控器

表 7-2-2　电池保养 6 处方

序号	内容
1	先关机后取电池，最后关闭遥控器
2	高温环境谨慎飞行，随时关注电池温度
3	在适宜温度及干燥环境下存储
4	避免在满电或低电情况下长期存放
5	运输前需放电，运输中避免撞击
6	使用官方充电器，注意充电安全

其他一些关于电池常见问题：

1）电池可正常开启，为何飞行器没有反应？

可能是电池接触不良，需要检查电池固定卡扣是否锁紧。

2）飞行器通电正常，但会提示电池异常？

可能是电池的通信接口接触不良，需要检查电池固定卡扣是否锁紧。

3）电池常见异常情况提示：

①放电过流：放电电流超过电池最大放电能力，此时应减少暴力飞行动作。

② 放电过温：此时电池温度过高，飞行器将主动降低功率以保证电池的使用性能。

③ 放电低温：此时电池温度过低，请及时降落以保证电池的使用性能。

④ 电芯异常或损坏：停止使用该电池。

4）冬季使用飞行器，为何需要预热？

由于锂电池化学结构限制，当电池温度过低时，电池性能将大幅下降，请在低温环境飞行时关注电池温度变化。另外，在低温环境下移动设备可能出现意外关机的情况，强烈建议保持飞行器在视距内飞行。

5）智能电池存在鼓包，是否正常？

如充电方式不当（如使用非官方充电器造成电压异常或短路），或电池受到环境温度、外力损坏等因素影响，电池可能会产生鼓胀现象，严重时可能引发自燃或爆炸。应当立即停止使用鼓包的电池，并联系厂家或者指定的代理商做进一步处理。

6）长期放置后的电池，充电为何没有反应？

如电池电量严重不足且闲置时间过长，电池可能进入深度睡眠模式，可以尝试充电以唤醒电池；如充电后依旧无响应，则可能是电池因过放状态导致损坏，应妥善回收处置。

实战强化

电池保养互问互答

针对电池保养与维护，各组互问互答。

◇ 分组共同思考相关问题，分析问题产生原因，如何解决该问题。

◇ 最后各组组长总结对无人机电池保养与维护的技巧。

◇ 要求每个学生通过互问互答掌握无人机电池保养与维护的重要性。

项目评价表

本项目的学习已经全部完成，大家给自己的学习打个分吧，同时登记小组评分和教师评分，最后按自我评分 30%，小组评分 30%，教师评分 40% 的比例计算合计得分。

小组评分和教师评分时不光要考虑任务完成情况，还要综合考虑其小组的合作、沟通能力，工作态度等职业素养。

任务名称	评分内容	分值	自评分（30%）	小组评分（30%）	教师评分（40%）	学习体会
创建飞行后检查列表	列表详单及检查	35				
	无人机的相关知识	5				
无人机存放及电池保养	无人机存放箱的购置与存放	10				
	新电池的保养维护	10				
	定期校准电池	10				
	设置电池的存放温度	10				
	极端天气下的电池使用	10				
	电池使用 6 步曲	5				
	电池保养 6 处方	5				
合计得分：						

单元检测

1. 飞控系统在进行指南针校准时，飞行器状态指示灯亮黄灯表示（　　）。

A. 指南针校准成功　　B. 指南针校准失败

C. 指南针校准正在进行中

2. 一般说来，无人机至少接收（　　）颗 GPS 卫星信号，才能获得稳定的飞行。

A. 8　　B. 10　　C. 12

3. 创建飞行后检查清单的主要目的是（　　）。

A. 清点设备是否被遗忘　　B. 确保所有设备正常

C. 查看电池是否耗尽

4. 起飞后应该保持悬停（　　），让电池预热。

A. 20s 左右　　B. 30s 左右　　C. 60s 左右

5. 何为炸机？试举例说说发生在身边炸机事件，并说说产生这些炸机现象的主要原因。

6. 试写出飞行前、飞行后的检查清单。

7. 说说无人机飞控系统的指南针校准与 IMU 校准的意义何在。

单元小结

本单元主要介绍了无人机基本的维护与保养。利用飞行前检查列表逐项检查完之后再飞行无人机。同时，要求创建一个飞行后的检查列表，以确保设备正常。飞行前、飞行后的列表中包括检验设备是否有损坏、清洁无人机、检查和处理电池，以及存放无人机等内容。通过学习本单元的内容，学会如何对无人机进行正确的保养，延长无人机的使用寿命。

第1单元

1．C　　2．B　　3．A　　4．C　　5．D

第2单元

1．250g 以上（含 250g）

2．隔空区域

3．无人机航拍

4．“全球鹰”无人机

5．无人机搭载高清摄像机，在无线遥控的情况下，根据节目拍摄需求，在遥控操纵下从空中进行拍摄。无人机实现了高清实时传输，其距离长达 5km，而标清传输距离则长达 10km；无人机灵活机动，低至 1m，高至 5km，可实现追车、升起和拉低、左右旋转，甚至还可以贴着马肚子拍摄等，极大地降低了拍摄成本。

第3单元

1．ABCD　　2．ABC　　3．ABCD

4．空间　　层次　　环境　　5．邻近建筑　　电线　　广告牌

第4单元

1．AB　　2．A　　3．ABCD　　4．ABCD　　5．A

第5单元

1．左摇杆向后，右摇杆向前

2．左摇杆向前，之后向右前方推动左摇杆

3．动态　　静态

4．推　　拉　　摇　　移　　跟

5．预备起幅部分　　空中拍摄部分　　收尾落幅部分

第6单元

1．Adobe Photoshop Lightroom LR　　2．B

3．对比度　　4．前　　后　　5．C

第7单元

1. C　2. B　3. B　4. C

5. “炸机”泛指飞行事故，即无人飞行器在飞行过程中由于各种原因而产生的飞行器坠落和坠毁。比如：①飞行器刚起飞的时候会向一边倾斜，然后出现炸机。（起飞的时候操作者紧张或者迟疑、推油不均匀而导致飞行器侧翻；飞行器起飞时没有放置水平，在离地瞬间起落架没有同时离开地面，导致飞控此时会为了纠正平衡而干预飞行姿态，此时也容易导致侧翻、直接炸机。）②飞行过程中感觉飞行器无故掉高，油门推倒机头也无法拉升，最后炸机。（可能的原因有：电池电力不足；飞行中的下降气流造成飞机无故掉高）③很多环境因素导致炸机，如大雨、风力风速过大、天黑、雾霾、温度太高或过低、海拔太高、受电厂电磁干扰、电线、电线杆、卫星信号的干扰等。

6. 飞行前的检查清单

环境勘察及准备	□1. 天气良好，无雨、雪、大风
	□2. 起飞地点避开人流
	□3. 起飞点上方开阔无遮挡
	□4. 起飞点地面平整
	□5. 操作设备（手机 / 平板）电量充足
开箱检查	□1. 飞行器电量充足
	□2. 遥控器电量充足
	□3. 飞行器无损坏
	□4. 所有部件齐全
	□5. 螺旋桨安装牢固
	□6. 相机卡扣已取下
开机检查	□1. 打开遥控器并与手机 / 平板连接
	□2. 确保飞行器水平放置后打开飞行器电源
	□3. 自检正常（模块自检 /IMU/ 电池状态 / 指南针 / 云台状态）
	□4. 无线信道质量为绿色
	□5. GPS 信号为绿色
	□6. SD 卡剩余容量充足
	□7. 刷新返航点（如果没有自动刷新，请手动刷新）
	□8. 根据环境设置返航高度
	□9. 操作设备（手机 / 平板）调到飞行模式
	□10. 确认遥控器的姿态选择及模式选择
试飞检查	□1. 起飞至安全高度（3 ～ 5m）
	□2. 观察飞行器悬停是否异常
	□3. 测试遥控器各项操作正常
检查完毕，可安全飞行	

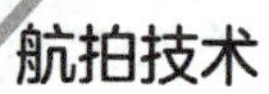

飞行后检查清单：

序号	检查内容
1	关闭电池、无人机、飞行控制器和任何其他的带电设备的电源
2	检验无人机的主要部件是否完好
3	检查螺旋桨
4	螺旋桨防护装置和保护罩
5	检查保管电池
6	检查装配情况，确保下一次飞行正常
7	检查起落架
8	查看线路，确保所有的连接都没有松动。
9	下载保存飞行信息
10	下载保存相机中的数据
11	清洁相机和镜头，最后使用收纳箱存放相关设备

7．无人机遥控器校准主要是指南针校准和 IMU 校准。IMU 是无人机飞控系统最核心的部分，又称为惯性测量单元，主要用来测量无人机三轴加速度和三轴角速度，控制飞行器各种飞行状况下的平衡。而地磁指南针则用于测量航向。

参 考 文 献

[1] 鲁道夫•乔巴尔．玩转无人机 [M]．吴博，译．北京：人民邮电出版社，2015．

[2] 柯林•史密斯．无人机航空摄影与后期指南 [M]．林小木，译．北京：北京科学技术出版社，2017．

[3] 埃里克•程．无人机航拍从入门到精通 [M]．马茜，译．北京：人民邮电出版社，2016．

[4] 伊沃•马尔诺．无人机航拍手册 [M]．徐大军，译．北京：人民邮电出版社，2017．